宇 宙 认 知 大 百 科

太阳

[西]伊格纳西·里巴斯/著　曹元萍/译

图书在版编目（CIP）数据

太阳 / (西) 伊格纳西・里巴斯著 ; 曹元萍译. —
2版. — 成都 : 天地出版社, 2022.7（2024.3重印）
（宇宙认知大百科）
ISBN 978-7-5455-6976-6

Ⅰ. ①太… Ⅱ. ①伊… ②曹… Ⅲ. ①太阳－普及读
物 Ⅳ. ①P182-49

中国版本图书馆CIP数据核字(2022)第026787号

Text: Jordi L. Gutiérrez
Complementary text and appendix: Luz María Bazaldúa, Gonzalo del Castillo, Dashiell Fernández, Alejandro Riveiro de la Peña
Illustration and infographics : Juan William Borrego Bustamante, Felipe García Mora, Mark A. Garlick, Infographics

著作权登记号 图进字：21-2020-409

TAIYANG

太阳

出品人	杨 政	责任编辑	王 倩 刘桐卓
总策划	陈 德 戴迪玲	特别审校	宋 乔（青年天文教师连线）
联合策划	北京高朗文化传媒有限公司	特约编辑	张天铧
作 者	［西］伊格纳西・里巴斯	装帧设计	霍笛文 孙雪骊
译 者	曹元萍（青年天文教师连线）	责任印制	刘 元
策划编辑	王 倩		

出版发行 天地出版社
（成都市锦江区三色路 238 号 邮政编码：610023）
（北京市方庄芳群园 3 区 3 号 邮政编码：100078）
网 址 http://www.tiandiph.com
电子邮箱 tianditg@163.com
经 销 新华文轩出版传媒股份有限公司

印 刷 北京瑞禾彩色印刷有限公司
版 次 2022 年 7 月第 2 版
印 次 2024 年 3 月第 5 次印刷
开 本 889 mm × 1194 mm 1/16
印 张 5.75
字 数 100 千
定 价 45.00 元
书 号 ISBN 978-7-5455-6976-6

咨询电话：（028）86361282（总编室）
购书热线：（010）67693207（营销中心）

本版图书凡印刷、装订错误，可及时向我社营销中心调换。

赋予我们生命的强大力量

巨大的能量源泉

太阳核心的温度约为 1 550 万摄氏度，它通过如图所示的爆发活动将物质粒子喷射到太空中，其中一部分物质粒子会在不久后到达地球。

天空里的巨火球

太阳这颗巨大的恒星掌管着太阳系。作为一个充满活动现象的巨大球体，它的体积远远超过周围所有天体。它可以释放巨大的能量，足以对围绕其运行的天体造成极大影响。

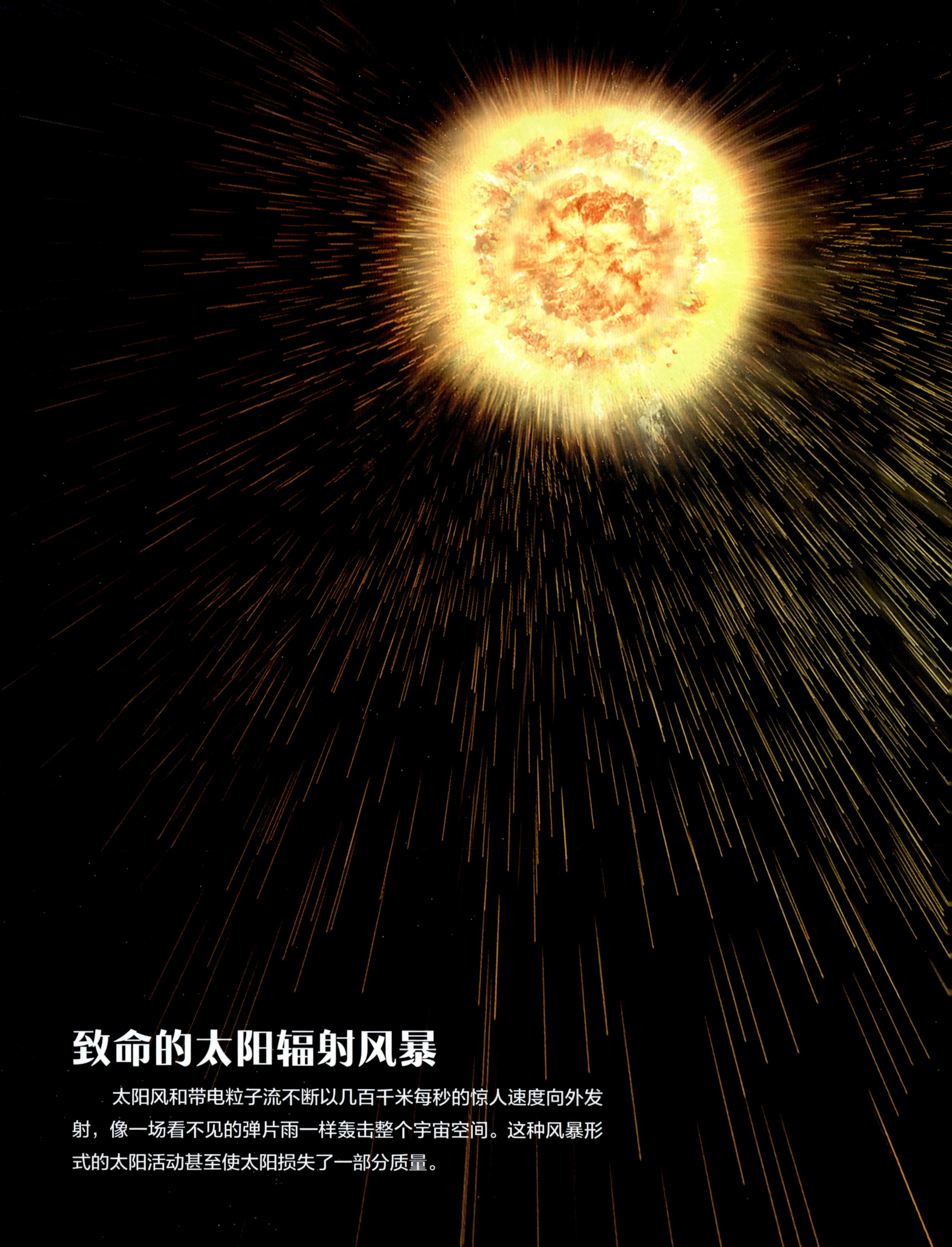

致命的太阳辐射风暴

太阳风和带电粒子流不断以几百千米每秒的惊人速度向外发射，像一场看不见的弹片雨一样轰击整个宇宙空间。这种风暴形式的太阳活动甚至使太阳损失了一部分质量。

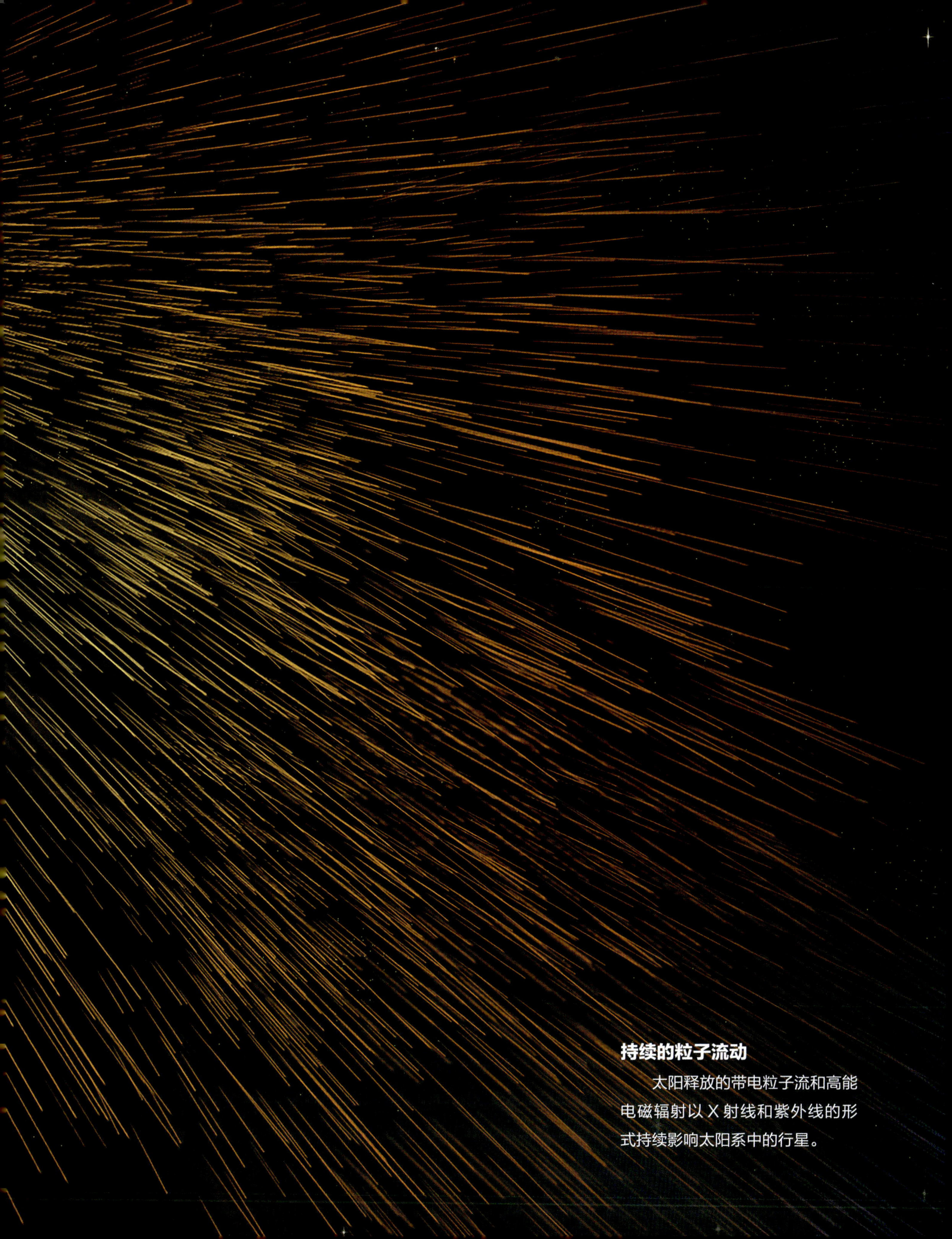

持续的粒子流动

太阳释放的带电粒子流和高能电磁辐射以 X 射线和紫外线的形式持续影响太阳系中的行星。

地球的防护线

地球的磁层削弱了太阳粒子的流动，但不能将其完全平息。幸运的是，我们的地球上还有大气层，尽管这一层薄薄的气体看起来很脆弱，它却能通过吸收最有害的辐射来保护我们，同时让可见光能够穿过。

重要屏障

臭氧层是由紫外线与大气中的氧气相互作用而产生的一种气体层，它在 15~50 千米的高空形成屏障，起到筛网的作用，阻挡了来自太阳的能量最强的辐射。

光与热使地球变得宜居

太阳辐射从太阳发出后经历一段漫长的旅程，最终到达了地球。受地球上各种条件的影响，太阳辐射到达地球时变成了宝贵的礼物，因为它为我们提供了生命活动所需的能量。没有太阳的能量，地球可能会变成一颗贫瘠且不宜居的星球。

独特生命框架

太阳光大概需要 8 分钟到达地球。与其他行星不同，太阳与地球的这个距离为液态水的存在提供了可能性，并提供了适宜生命生存的条件。由于这些特殊情况，生物的进化并形成高度的生物复杂性才能实现。

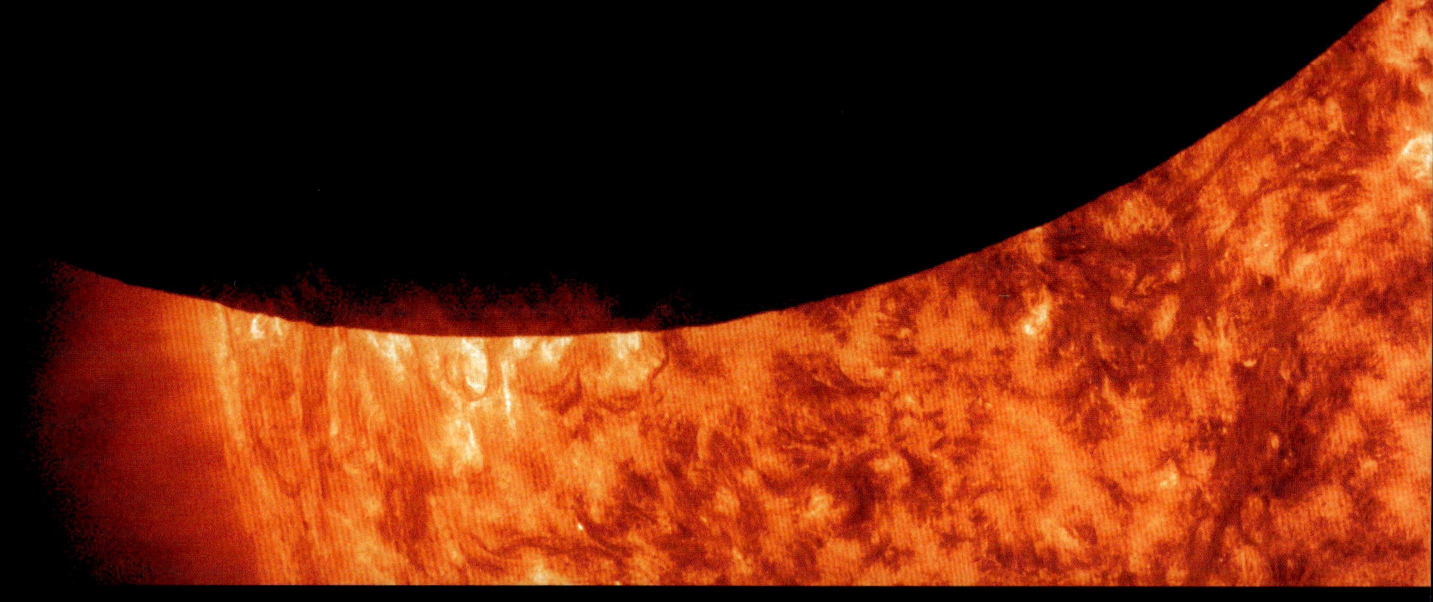

太阳·目录

一颗叫太阳的普通恒星

图为太阳动力学天文台卫星相机于 2014 年 1 月 30 日
拍摄的太空视角的日偏食

起源和演化

太阳观测

一颗叫太阳的普通恒星

太阳是主要由氢和氦组成的巨大而炽热的球体，近 50 亿年一直发出光亮，其引力使太阳系的 8 颗行星围绕它旋转。太阳是一颗已经演化得足够稳定的恒星，可以为地球上生命的出现和发育提供条件。

左图：国际空间站视角下的太阳

太阳的重量

和其他恒星相比，太阳的基本化学成分、质量或其他参数并不突出。但是，它是太阳系里体积最大且质量最大的天体，并主要由氢和氦组成。

太阳是一颗相当普通的恒星。它的质量并不出众，实际上，与宇宙中大质量的恒星相比，它的质量只能算中等。但是，它是迄今为止太阳系中质量最大的天体，占太阳系总质量的99.86%。要想对太阳庞大的质量有个概念，只需要指出它的表面重力加速度大约是地球的 28 倍就足够了。同样，它的体积在宇宙中也并不突出，但它的半径是地球的 109 倍，体积是地球的 1 304 000 倍。相反，它的自转比地球慢得多，其自转速度随纬度的变化而变化，并在赤道地区达到最大值。

主要元素

尽管对于太阳的确切组成成分现在仍存在争议，但目前已知的是，它主要由氢及其核聚变产物——氦组成。太阳在核聚变过程中每秒所产生的能量，可供人类消耗 675 000 年。太阳还包含少量其他元素，这与它的年龄和形成时间有关。它的光谱类型是 G，光谱类型按最高温到最低温排序依次为 O、B、A、F、G、K、M。

平均自转周期	25.05 天
直径	1 392 000 千米
质量	1.9891 x 10^{30} 千克
体积	1.4123 x 10^{18} 千米 ^{3}
表面重力加速度	2 274 米 / 秒 ^{2}
密度	1 411 千克 / 米 ^{3}
亮度	3.827 x 10^{26} 瓦
视星等	−26.8
核心温度	15 500 000℃
表面温度	5 500℃

太阳的化学成分组成

该图介绍了太阳的组成成分，主要是氢及其核聚变的产物氦，以及代表其金属性的少量其他成分。科学家总共在太阳光谱中检测到近 70 种元素。

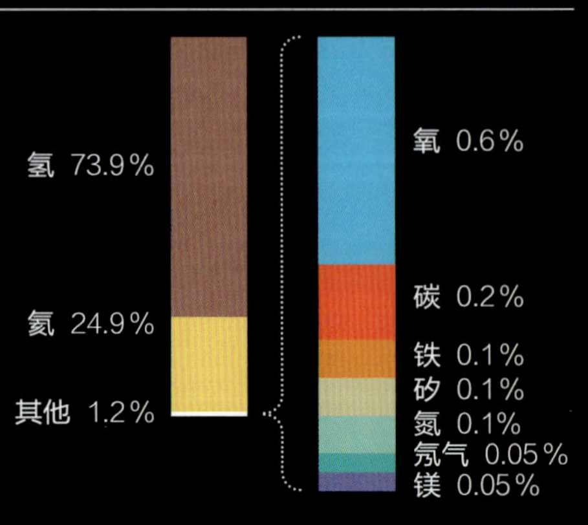

太阳的生命周期

太阳的生命周期从它的形成开始（见右图），接着是其目前正在经历的漫长而相对稳定的阶段，再到下一个阶段，即太阳的体积大幅度增加，太阳变为红巨星，最终其周围形成行星状星云，它转变为白矮星。这种白矮星不会经历活动期恒星才会有的核反应。

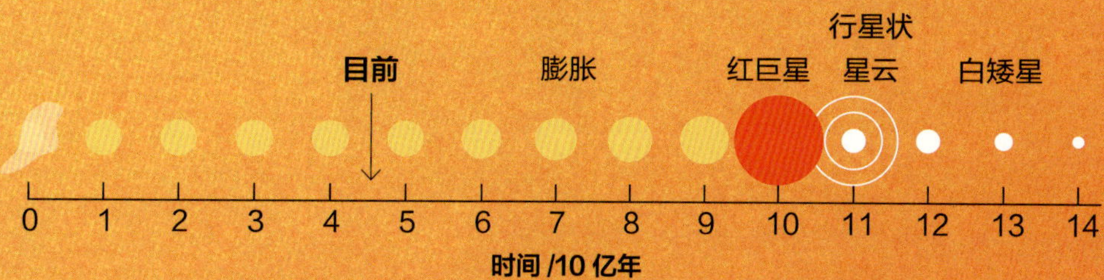

巨大恒星

图为从太空拍摄的太阳某区域的照片。

太阳能量的传播

太阳核心产生的能量需要数十万年才能到达其表面。光子沿着一条蜿蜒曲折的路线前进，不断与其他粒子碰撞，直至逃离太阳大气层。太阳光从太阳到太阳系中的每个行星所需的时间比逃离太阳大气层要少得多。右图说明了太阳光到达各个行星所需要的时间（距离未严格按照比例尺表示）。

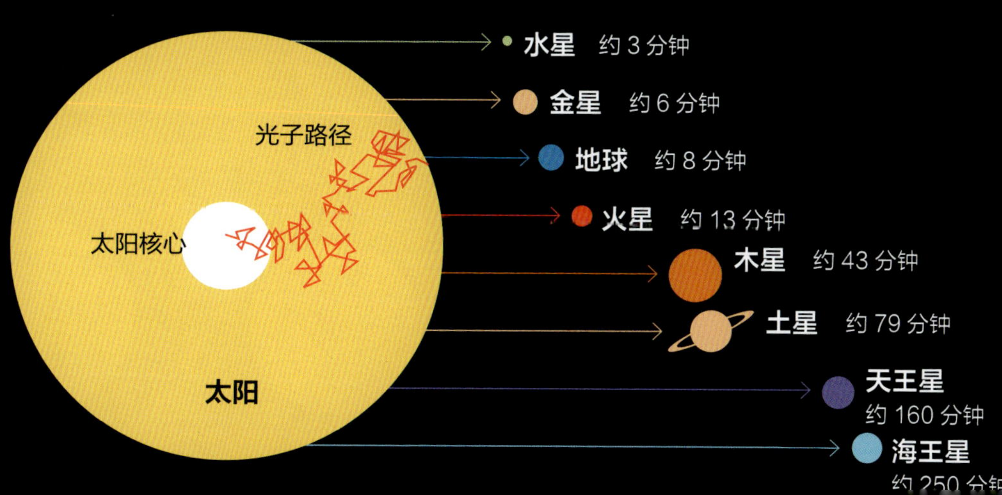

太阳的相对大小

尽管太阳的体积很大，但它在银河系中却很普通。相比之下，有其他比太阳小得多的恒星，也有比太阳大 1 000 倍的恒星。

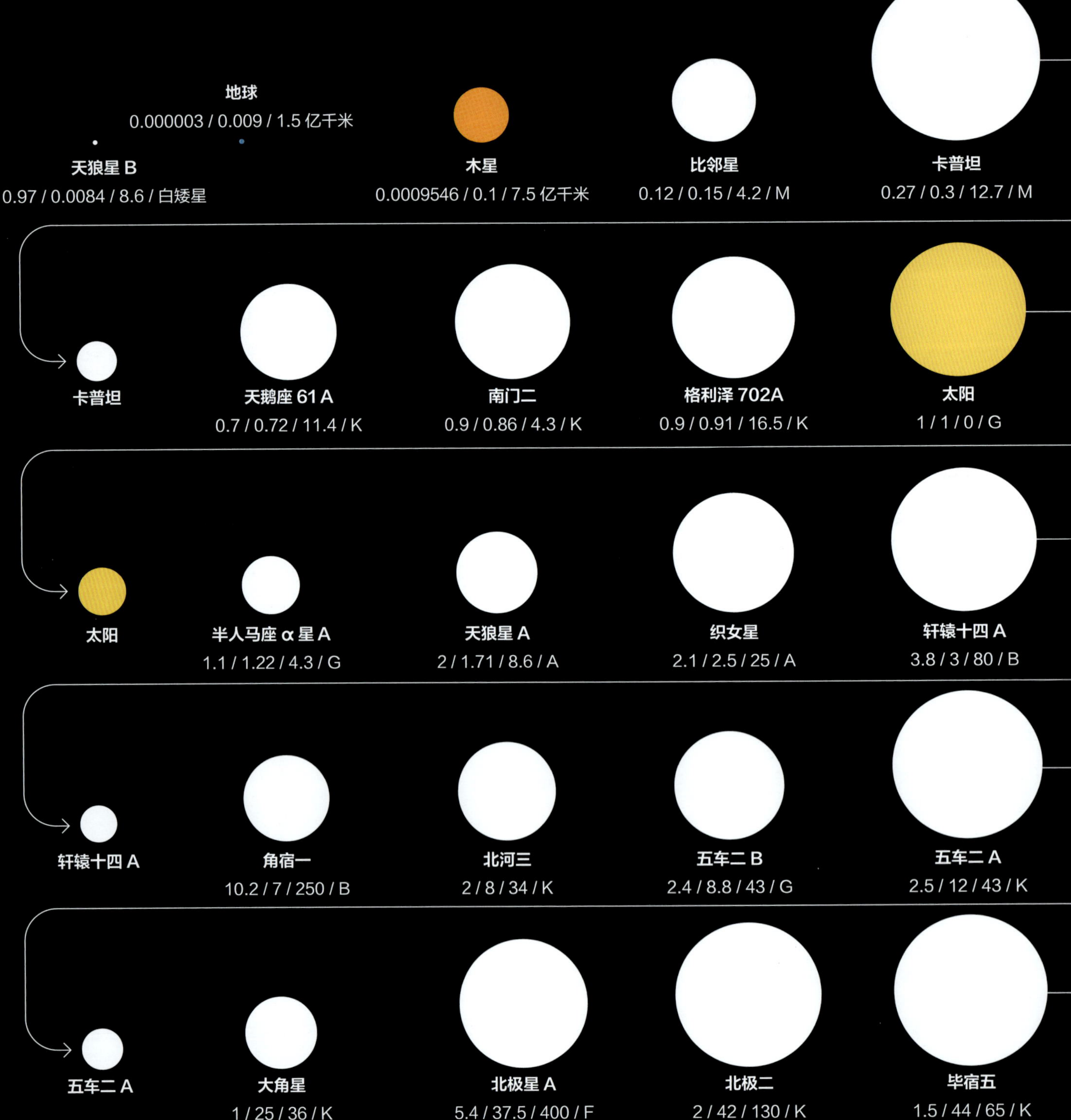

当前的太阳在大小上类似于某些恒星，又与其他恒星有很大不同。下图将太阳和按大小顺序排列的天体样本一起展示，出于以下原因在图中使用了多个比例：因为如果我们基于同一个比例去展示那些可以用肉眼区分的恒星，那么那些体积大的恒星会占据整个页面，所以无法用同一个比例表示出来。上一个比例和下一个比例之间通过用箭头连接同一颗星的（两种）表示形式相连接。加入地球和木星的比例作为参考是因为我们对它们了解最多。许多恒星上标示的数字为估计值。

名字

与太阳的质量比 / 与太阳的半径比 / 与太阳的距离（光年）/ 光谱类型

毕宿五

天棓四
1.72 / 48 / 154 / K

老人星
8 / 71 / 310 / A

参宿七
23 / 78 / 860 / B

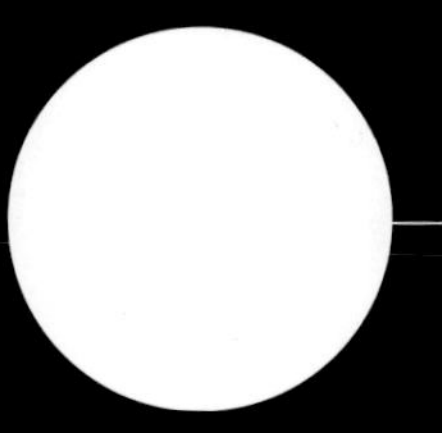

天大将军一
8 / 80 / 350 / K

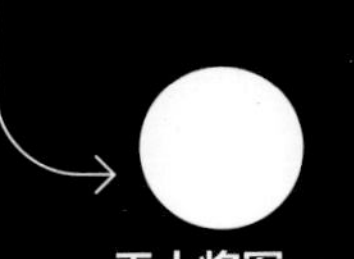

天大将军一

十字架一
1.3 / 84 / 88 / M

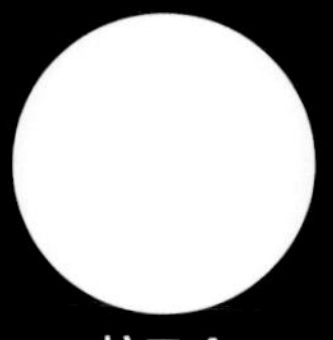

柱二 A
5 / 148 / 800 / K

船底座 I 星
8 / 170 / 1 700 / F

大犬座 δ
17 / 200 / 1 600 / F

大犬座 δ

蝎虎座 V424
6.8 / 260 / 1 900 / K

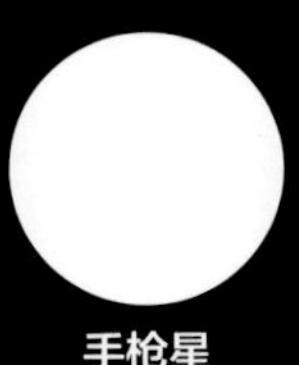

手枪星
27.5 / 306 / 26 000 / –

船底座 HR
25 ~ 40 / 350 / 17 000 / –

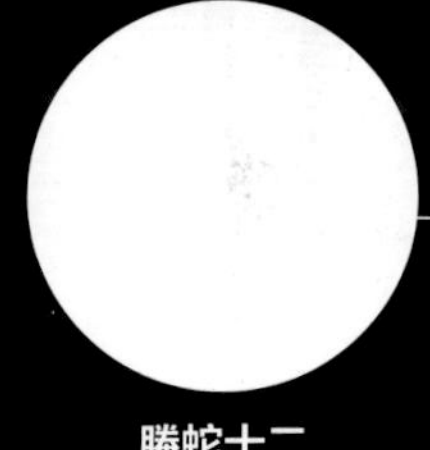

螣蛇十二
14 ~ 30 / 450 / 8 000 / G

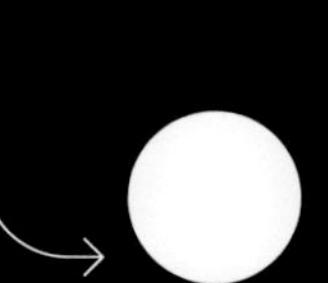

螣蛇十二

金牛座 119
8 / 600 / 1 800 / M

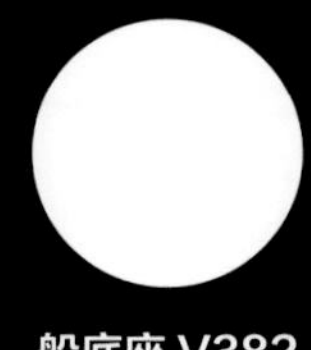

船底座 V382
20 / 700 / 9 000 / G

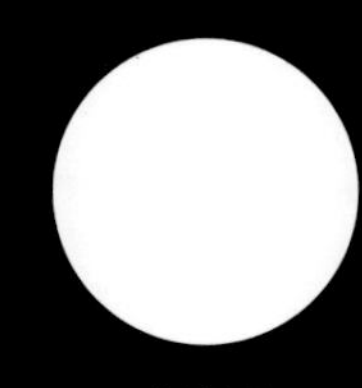

心宿二
12.4 / 800 / 550 / M

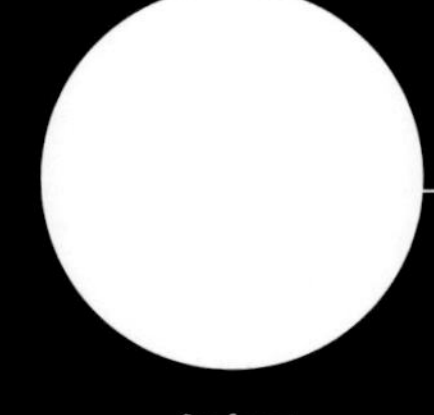

参宿四
11.6 / 1 000 / 643 / M

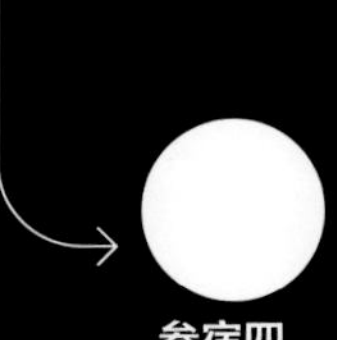

参宿四

SMC 18136
2 / 1 300 / 200 000 / M

仙王座 RW
14 ~ 30 / 1 500 / 11 400 / K

盾牌座 UY
10 / 1 700 / 9 500 / M

大犬座 VY
17 / 2 100 / 3 840 / M

太阳结构和太阳活动

太阳是一个巨大的核反应堆，通过氢原子核聚变产生能量，这些能量被层层运输至太阳外部，并逃逸到太空中。

太阳核心的密度和温度条件（约 1 500 万摄氏度）非常极端，以至于组成太阳的氢原子核互相结合并产生了氦原子核。这个核聚变过程叫作“质子－质子链反应”，并在反应过程中产生大量能量。这些能量是由通过辐射层穿过太阳内部向外部传播的基本粒子——光子传输的。辐射层的物质密度高，且温度在 150 万～1 500 万摄氏度。有时这些物质的不透明度能达到非常高的程度，以至于光子没法有效地传输能量；之后，巨大的热等离子体气泡形成对流系统，该系统将能量传导到太阳表面。

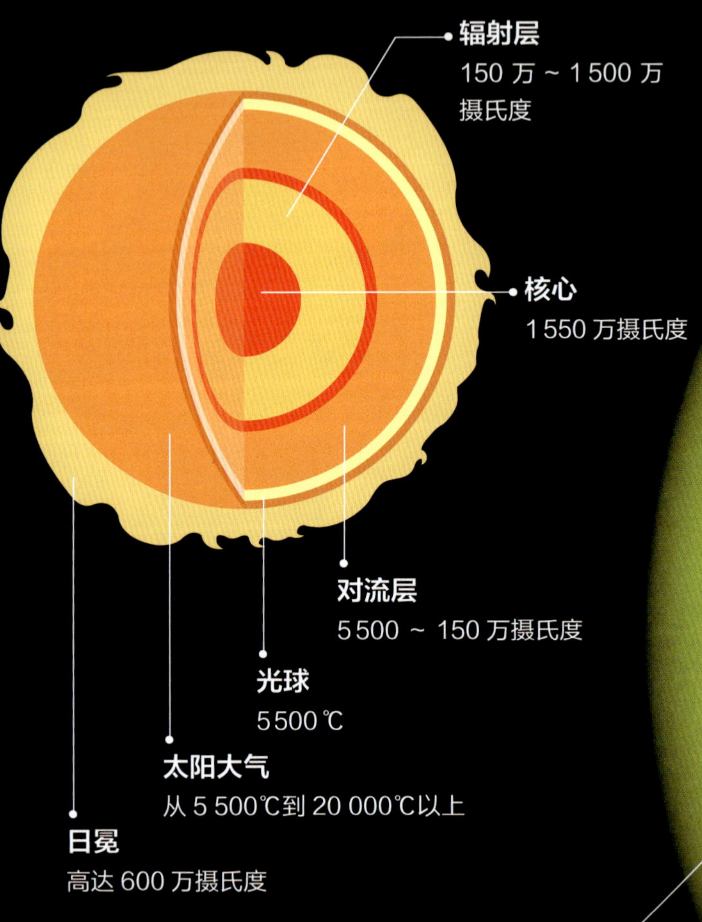

释放能量

物质在对流层的顶部变得透明，光子可以通过光球（太阳的可见表面）逃逸到太空中。在光球上方是色球，温度从光球的 5 500℃上升到色球的 20 000℃以上。太阳的最后一层是日冕，它是由非常稀薄的等离子体形成的，但温度又极高，能达到数百万摄氏度。造成日冕温度如此高的机理直到现在仍然是个谜。

质子－质子链反应

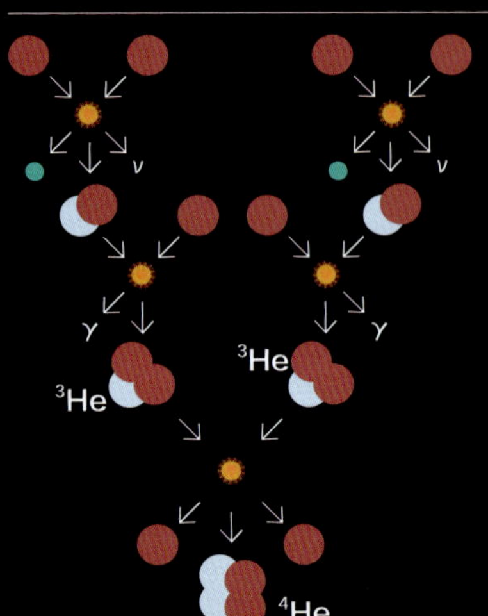

质子－质子链反应是发生在太阳核心的热核聚变反应。在其反应的终末部分，最初的 4 个质子产生一个氦－4 核（^{4}He），并发射出 2 个正电子、2 个中微子和伽马射线形式的能量。这些能量会穿过太阳的不同层，直到从太阳逃逸并开始向太阳系的行星行进，在那里可能产生各种现象，其中包括生命。

γ 伽马射线
ν 中微子
质子
中子
正电子

光球图像，光球是太阳上可以通过可见光观测到的那一层

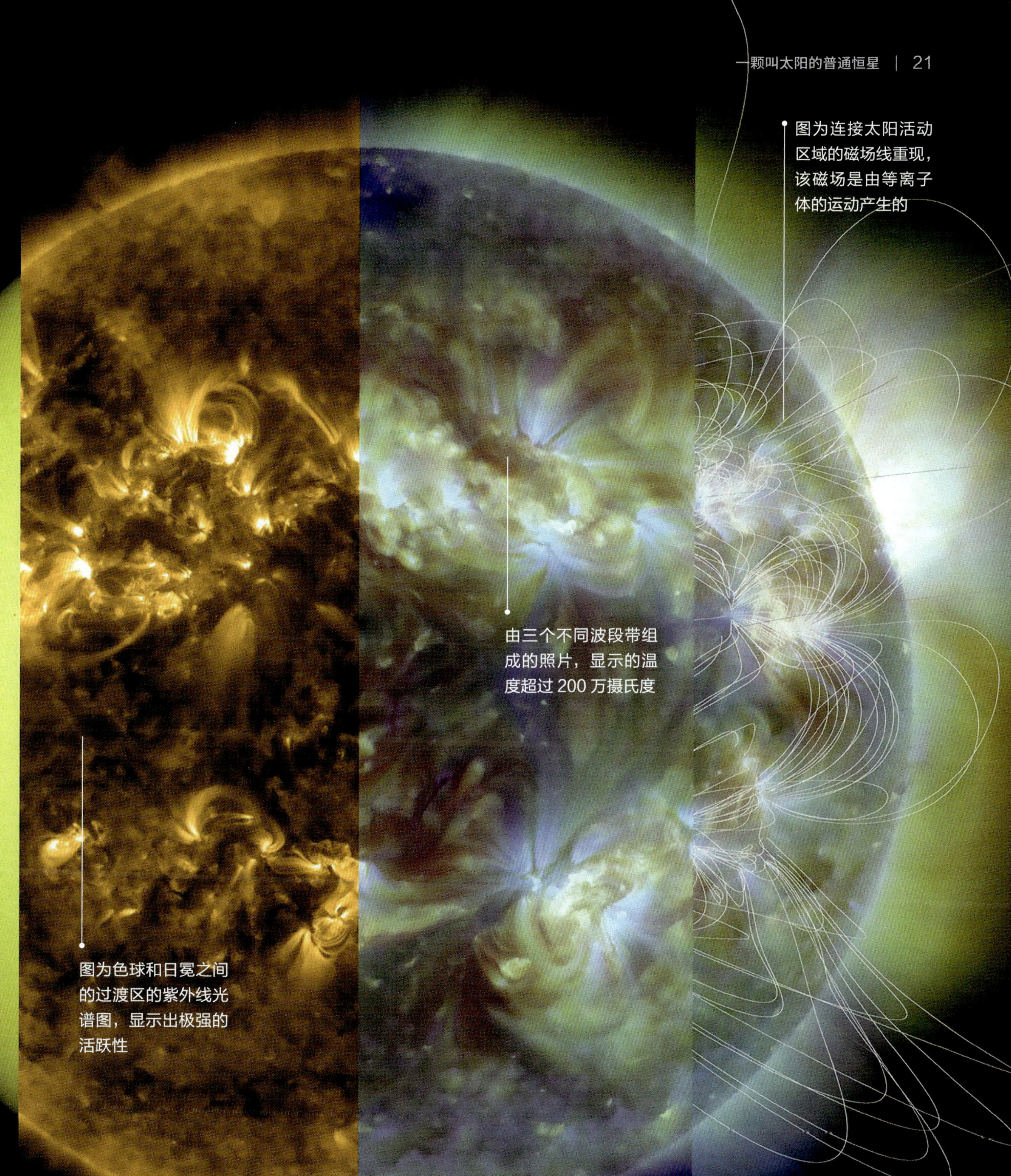

图为连接太阳活动区域的磁场线重现，该磁场是由等离子体的运动产生的

由三个不同波段带组成的照片，显示的温度超过 200 万摄氏度

图为色球和日冕之间的过渡区的紫外线光谱图，显示出极强的活跃性

有趣的太阳距离

在这张由三张不同波段的照片和一张补充插画构成的组合图中，可以同时看到它们各层之间的活动差异。

太阳大气

太阳的大气由光球、色球和日冕组成，它有从几千到几百万摄氏度的温度变化，并将能量释放到太空中。

太阳的大气层由三层组成，它们将太阳的内部与外部空间连接起来。其中第一层是光球，这是一个可以从地球直接观察到的太阳区域，并给太阳带来独特的颜色。光球与对流层接触，但与之不同的是，它使来自太阳核心的能量光子通过太阳逃逸到太空的难度大大降低。

与太空的紧密联系

太阳大气层的第二层是色球，它将光球与最外面的日冕分开。色球厚度超过 1 000 千米，里面有一些最激烈的太阳活动，例如耀斑和日珥。这些活动会喷射出巨大的高能等离子团，可能会对人体、太空探测器以及绕地球运行的卫星造成损害。最外层的区域是日冕，在该区域的等离子体温度极高。人类对控制这两个太阳大气层的物理机制了解有限。

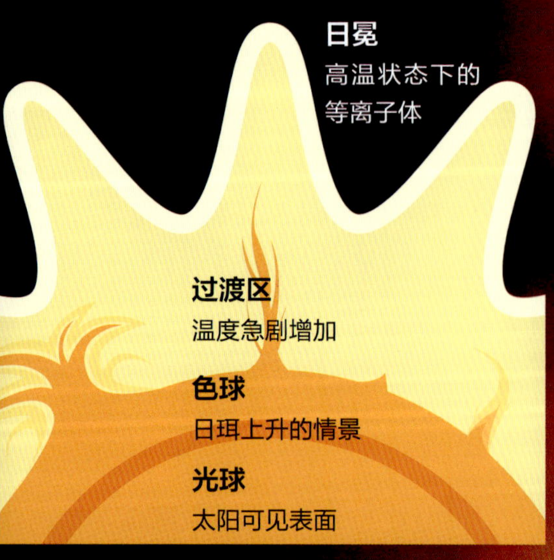

最外层区域

在太阳的最外层区域会发生一些激烈的现象，由于其非常复杂，科学家至今无法做出完整的科学解释。

大气密度

下图是关于太阳大气层的理论模型之一，指明了太阳大气层的密度如何随光球或太阳表面上的高度的变化而变化。

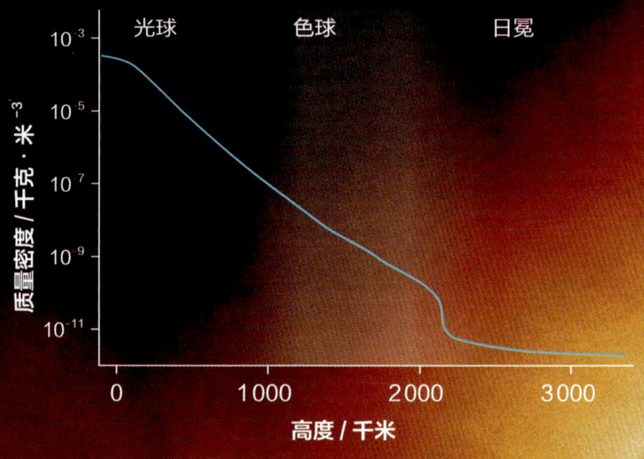

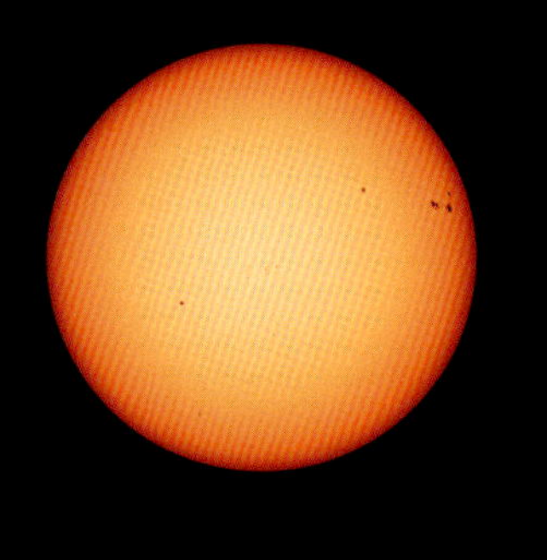

光球

在光球中，等离子体的不透明度降低，光子因此可以逃逸到太空中，并且出现了太阳黑子和光斑，即最亮的部分

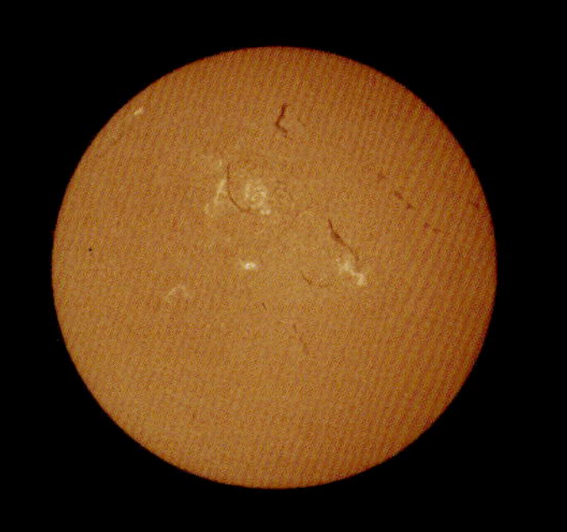

色球

在色球发生了一些瑰丽且最活跃的太阳活动，如太阳耀斑和日珥爆发，后者是一种大型气态环状结构

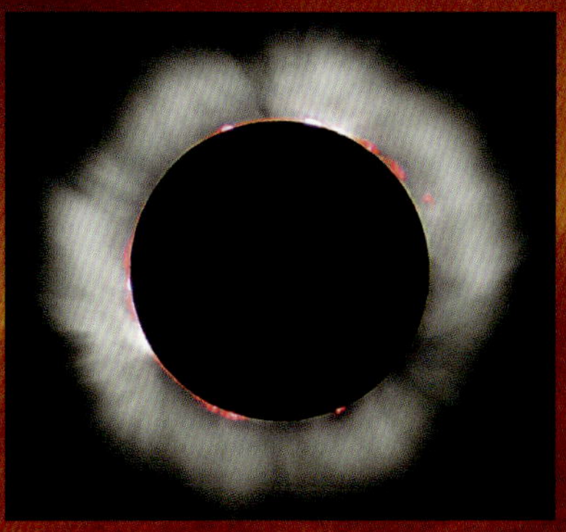

日冕

日冕是太阳最外层区域。尽管它温度高，但是密度很低，以至于很难被观察到。该区域的等离子体温度极高，可以逸出并形成太阳风

激烈的太阳耀斑

太阳色球中出现的耀斑起源于活动区域自身的磁场扰动。

太阳内部探测

太阳内部存在的现象包括日震波的传播以及区域间自转的时间差异。

太阳内部的活动无休无止。对流运动会产生向太阳表面传播的声波。声波会再次反射回内部。声波到达太阳深处的过程中，会遇到温度和密度不断变化的等离子体，从而产生折射，使它们向上弯曲并调转运动方向。反射波与折射波之间复杂的相互作用产生了太阳声谱。通过对太阳声谱的分析可以获取有关太阳内部结构的数据，例如能量向外部的传输以及每个区域自转的特征。

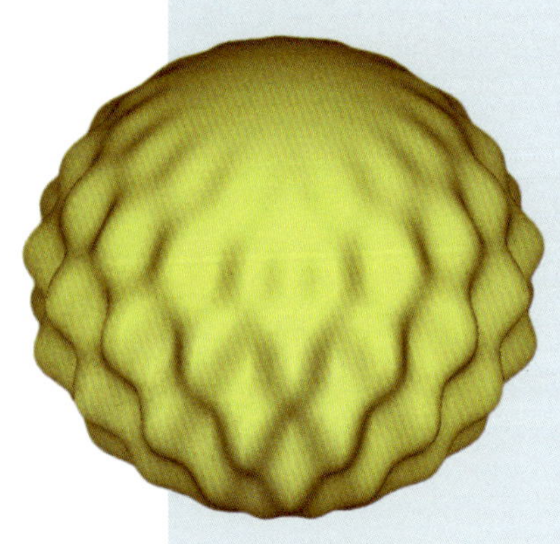

太阳“冲浪”

就像地震学家通过研究地震获取地球内部数据一样，太阳物理学家和日震学家也可以获取太阳内部数据。为此，他们分析研究了太阳表面可检测到的震动或“波”及其衍生影响，并创建了如图所示的计算机模型。

不同区域的自转周期

该图展示了太阳不同区域的自转周期。平均起来，太阳自转一圈大概需要一个月的时间。在日震学的帮助下，今天我们知道了太阳表面的某些域甚至其深部的区域（图中以黄色表示），它们的自转时间是如何变化的。

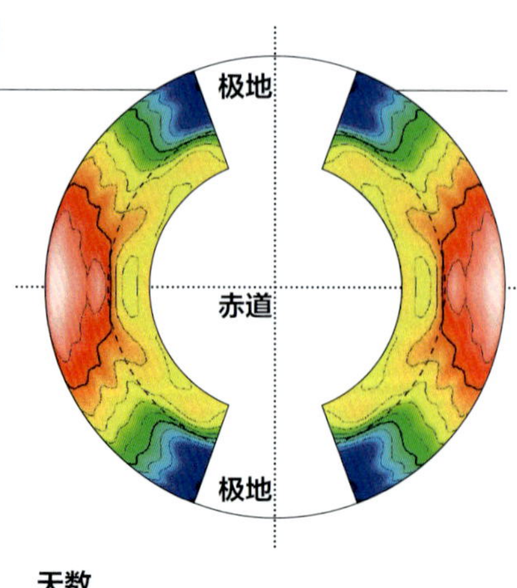

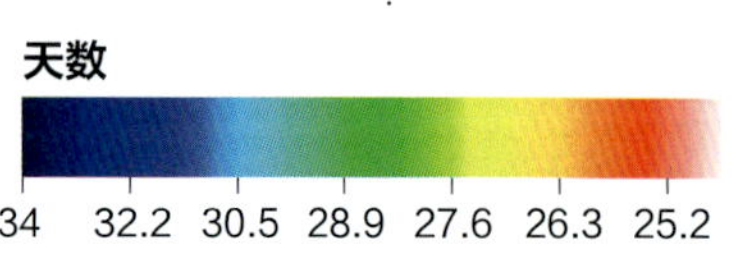

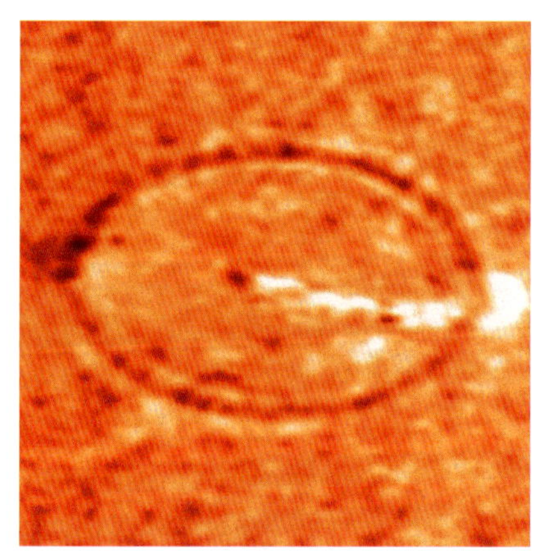

太阳上的“地震”

太阳有时会出现类似于地震的现象。太阳和日球层探测器（SOHO 卫星）成功捕捉到了一场巨大的日震，即图中可以看到的在膨胀中的巨大环状结构。日震波的传播速度可超过数十千米每秒。日震，包括日震波在太阳内部的传播，是太阳耀斑（图中明亮区域）造成的。据计算，这次太阳日震释放的能量比 1906 年袭击美国旧金山的大地震释放的能量强 40 000 倍。更令人吃惊的是，引发这次日震的太阳耀斑并不大，只是中等大小。

太阳震动模拟

图片再现了在太阳内部共振的声波。红色和蓝色代表相反方向的声波运动。

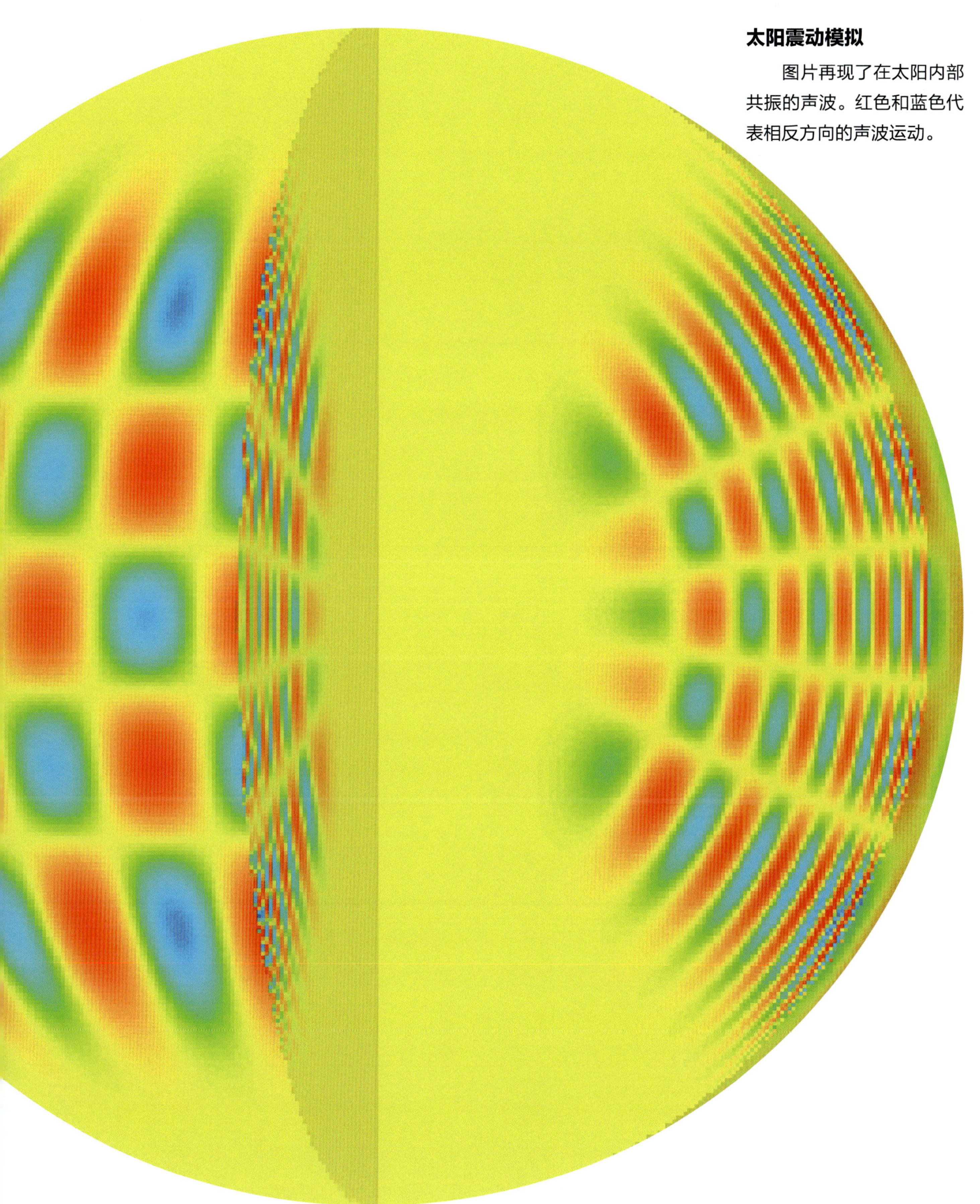

太阳光谱

太阳光，无论可见光还是不可见光，都蕴含着关于太阳的物理和化学特性的信息。这些信息非常有研究价值，可用来推测构成太阳的详细成分。

太阳光谱就像一条彩虹，但有很多阴影。它不仅覆盖可见光，还覆盖其余的电磁辐射。我们可以通过相应的仪器获得从太阳到达地球的太阳光的光谱。各种物质与太阳光之间的相互作用会在太阳光谱中留下痕迹，即光谱中的暗条纹。这是因为太阳大气中每种化学元素的原子都倾向于吸收特定波长的光，导致光谱中特定波长的光的缺失，从而产生这些暗条纹。这些暗条纹被称为“吸收线”，我们可以根据吸收线对不同化学元素进行识别。

信号线

铁、钠、镁、钙和其他一些元素的吸收线表明，太阳是由早期恒星的残余物形成的，因为在第一代恒星刚问世时，这些元素还不存在。

电磁波谱

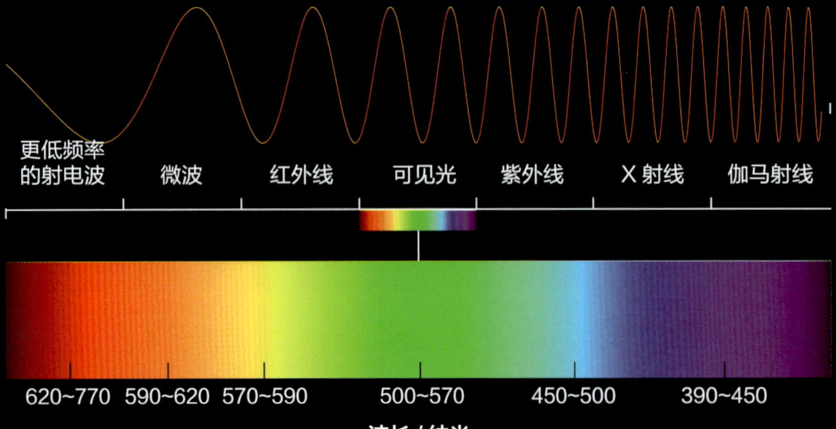

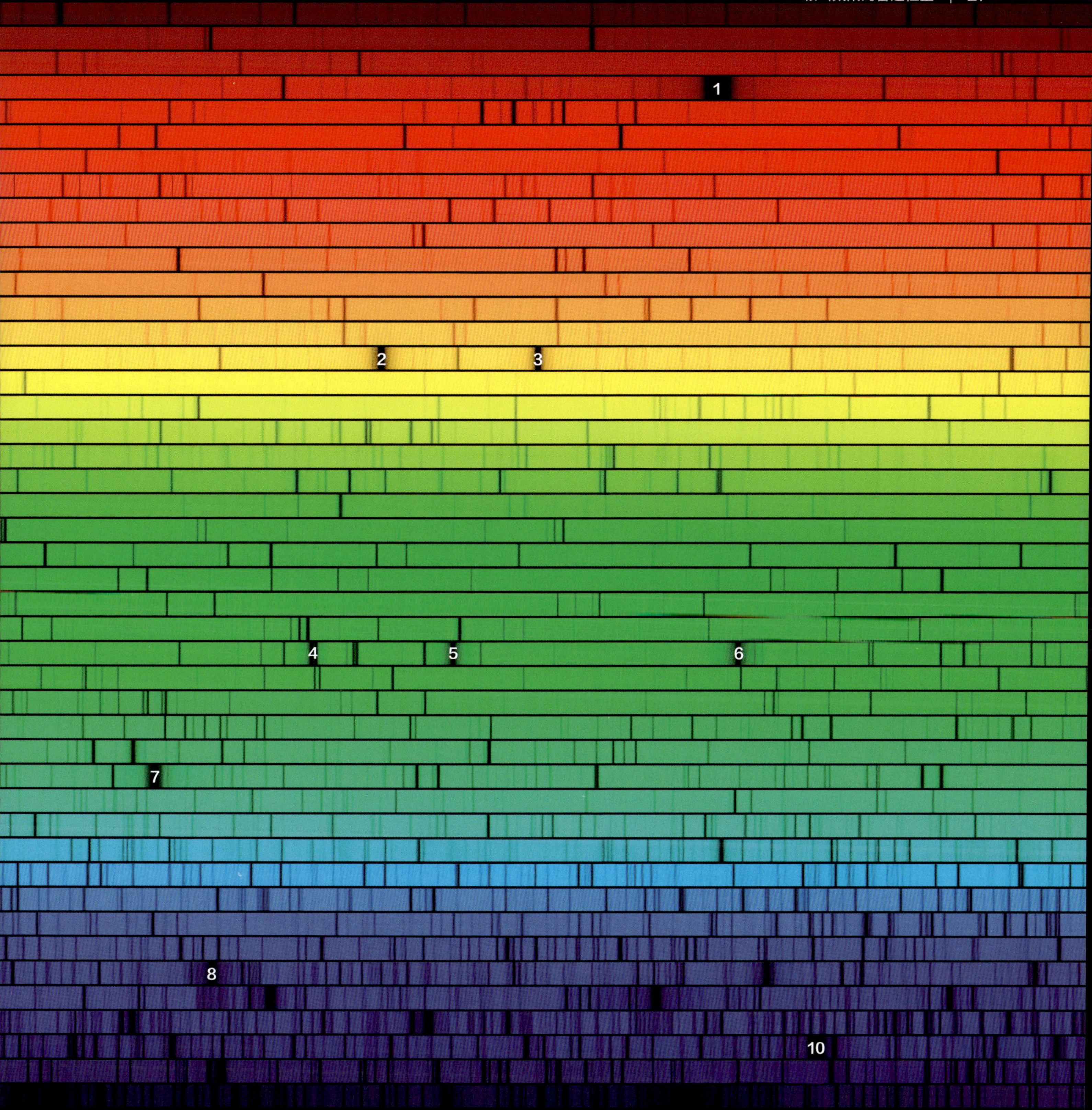

太阳的可见光谱

这张太阳光谱由波长 390 纳米（右下）至 770 纳米（左上）的可见光构成。大量的

1：氢
2、3：钠
4、5、6：镁
8：铁
9：铁（一组非常紧密的吸收线）
10：钙

恒星	距离
比邻星(半人马座 α 星 C)	4.24 光年
半人马座 α 星 A, B	4.37 光年
巴纳德星	5.96 光年
沃尔夫 359	7.78 光年
拉兰德 21185	8.29 光年
天狼星 A, B	8.58 光年
格利泽 65A(鲁坦 726-8A)	8.73 光年
鲸鱼座 UV(鲁坦 726-8B)	8.73 光年
罗斯 248（仙女座 HH，格利泽 905）	10.30 光年
波江座 ε（Ran）	10.47 光年
拉卡耶 9352	10.68 光年
罗斯 128	11.03 光年
宝瓶座 EZ A, B, C	11.10 光年
天鹅座 61 A, B	11.41 光年
南河三 A, B	11.46 光年
格鲁姆布里奇 34 A, B	11.62 光年
印第安座 ε	11.81 光年
天仓五	11.91 光年
格利泽 1061	12.04 光年
鲸鱼座 YZ	12.20 光年
鲁坦星	12.20 光年
卡普坦星	12.75 光年
拉卡耶 8760	12.87 光年
克鲁格 60 A，B	13.18 光年
罗斯 614 A，B	13.36 光年
格利泽 628（沃尔夫 1061）	14 光年
格利泽 1	14.15 光年
沃尔夫 424 A，B	14.30 光年
格利泽 687	14.77 光年
格利泽 674	14.81 光年
格利泽 1245 A, B, C	14.81 光年
格利泽 440（LP 145-141）	15.11 光年
格利泽 876	15.20 光年
GJ 1002	15.31 光年
LHS 288	15.60 光年
格利泽 412 A，B	15.81 光年
格鲁姆布里奇 1618	15.89 光年
狮子座 AD	16 光年
格利泽 166 A，B，C	16.26 光年
格利泽 702 A, B	16.58 光年
河鼓二(牛郎星)	16.73 光年
格利泽 570 A，B，C	19 光年
仙后座 η A，B	19.42 光年
格利泽 663 A, B	19.50 光年
格利泽 664	19.50 光年
格利泽 783 A，B（HR 7703）	19.62 光年
孔雀六	19.92 光年
Lp 944-20	20.90 光年

图为距离太阳 20 光年以内的恒星及其位置。上半部分是北半球。这些恒星分别以与它们各自光谱类型相对应的颜色来表示。用依照红色、橙色、黄色和白色依次递增的顺序代表四种基本温度范围。

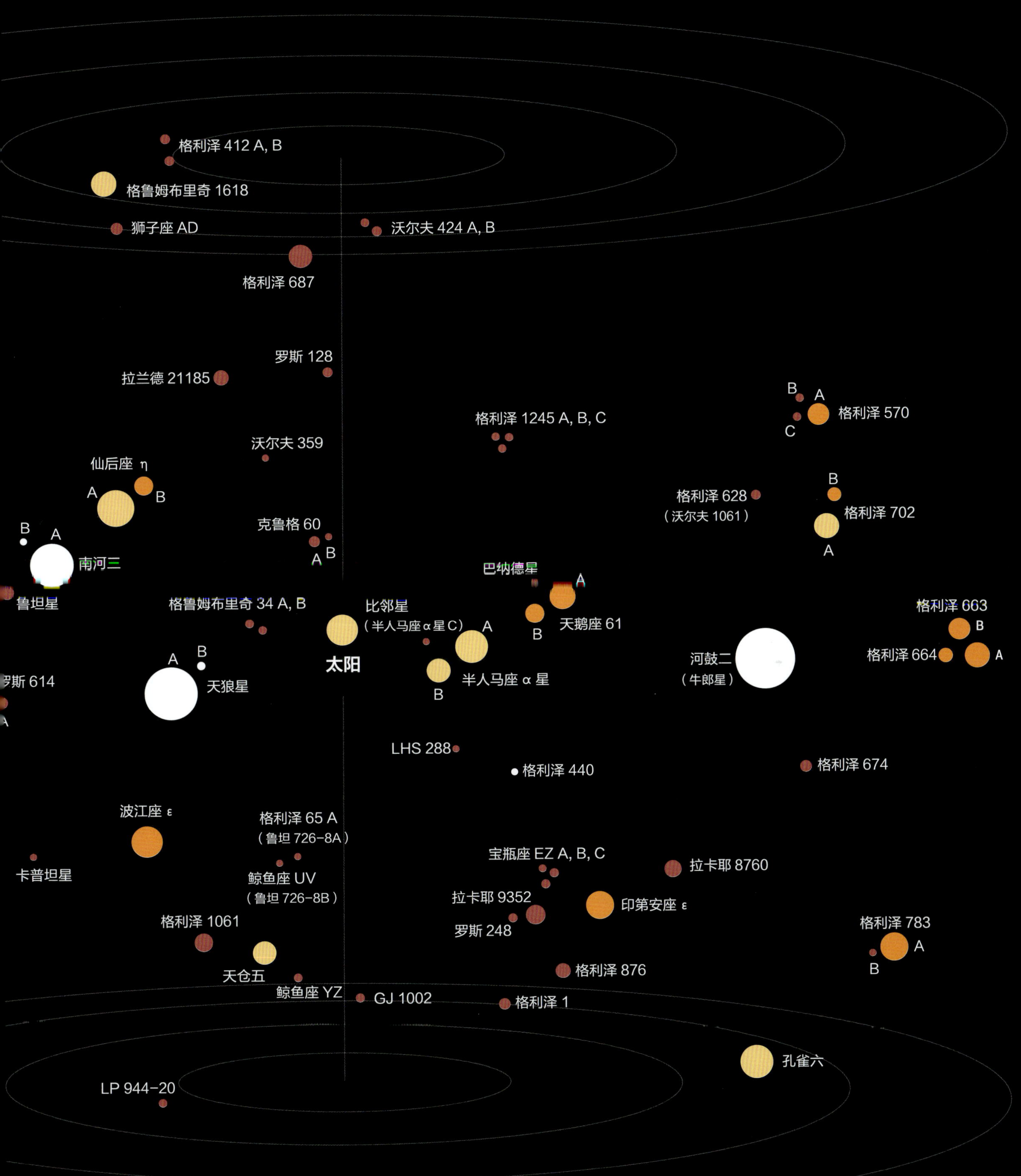
格利泽 412 A, B
格鲁姆布里奇 1618
狮子座 AD
沃尔夫 424 A, B
格利泽 687
罗斯 128
拉兰德 21185
格利泽 1245 A, B, C
B A 格利泽 570 C
沃尔夫 359
仙后座 η
A B
格利泽 628
（沃尔夫 1061）
B 格利泽 702 A
克鲁格 60
A B
B A
南河三
巴纳德星
鲁坦星
格鲁姆布里奇 34 A, B
比邻星
（半人马座 α 星 C）
A
天鹅座 61
B
格利泽 663
B
格利泽 664
A
河鼓二
（牛郎星）
太阳
A B
天狼星
罗斯 614
半人马座 α 星
B
LHS 288
格利泽 440
格利泽 674
波江座 ε
格利泽 65 A
（鲁坦 726-8A）
卡普坦星
鲸鱼座 UV
（鲁坦 726-8B）
宝瓶座 EZ A, B, C
拉卡耶 8760
拉卡耶 9352
印第安座 ε
罗斯 248
格利泽 1061
格利泽 783
A
B
天仓五
格利泽 876
鲸鱼座 YZ
GJ 1002
格利泽 1
孔雀六
LP 944-20

银河系中的太阳

太阳位于银河系半径的中间，但位置并不是一直不变的，而是每 2.35 亿年就会完成一次绕银河系中心转动的过程。

很难想象我们的太阳系只是银河系这个广阔空间的一小部分。银河系有 1 500 亿～2 500 亿颗恒星，因为我们在银河系内部，所以我们只能看到它们在天空中的投影。此外，由于银河系有很大一部分被大量的气体和尘埃云所遮挡，在光学波段中不可见，因此观测起来很困难。不过，20 世纪初期对球状星团的观测帮助我们确定了太阳系在银河系中的位置。太阳系围绕银河系中心旋转的轨道比其他区域更有利于生命的出现及生存。太阳绕银河系中心转一圈需要约 2.35 亿年。

形成宜居带的决定性因素

太阳的成分提示了太阳形成时的宇宙环境。在那时，有可能形成行星和生命所必需的比氦重的化学元素大量存在于最靠近银河系中心的区域，而在最外层区域却很少。这种元素的大量存在和银河系灾难性活动的发生，例如超新星爆发（在内部区域更多），在很大程度上决定了银河系能出现生命的范围，是一个由银河系中心向四周延展 13 000 ～ 32 000 光年的环状区域。

太阳在银河系中的位置

我们如果处于银河系之外，就能以理想的正面视角看到太阳。从这个视角我们可以了解太阳在银河系平面图上的大概位置，并可以看到银河系的中心区域。由于它与我们之间存在大量的灰尘和气体，所以看起来比较黑暗。

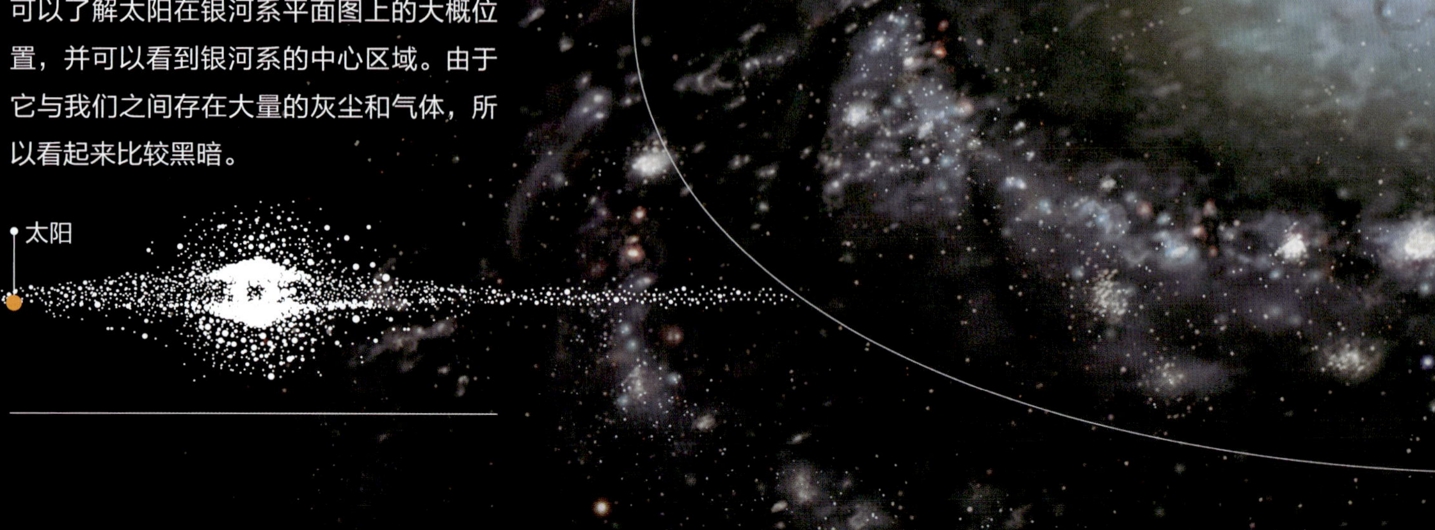

太阳在银河系中的速度

太阳以 225 ~ 250 千米 / 秒的速度围绕银河系中心运动，并朝着矩尺座星团的方向移动。相比地球围绕太阳公转的速度，这已经非常之快了，地球绕太阳公转的速度大约仅为 30 千米 / 秒。

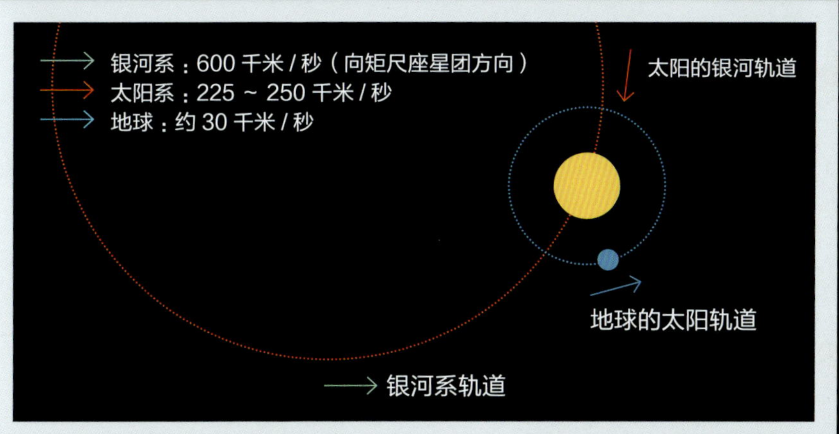

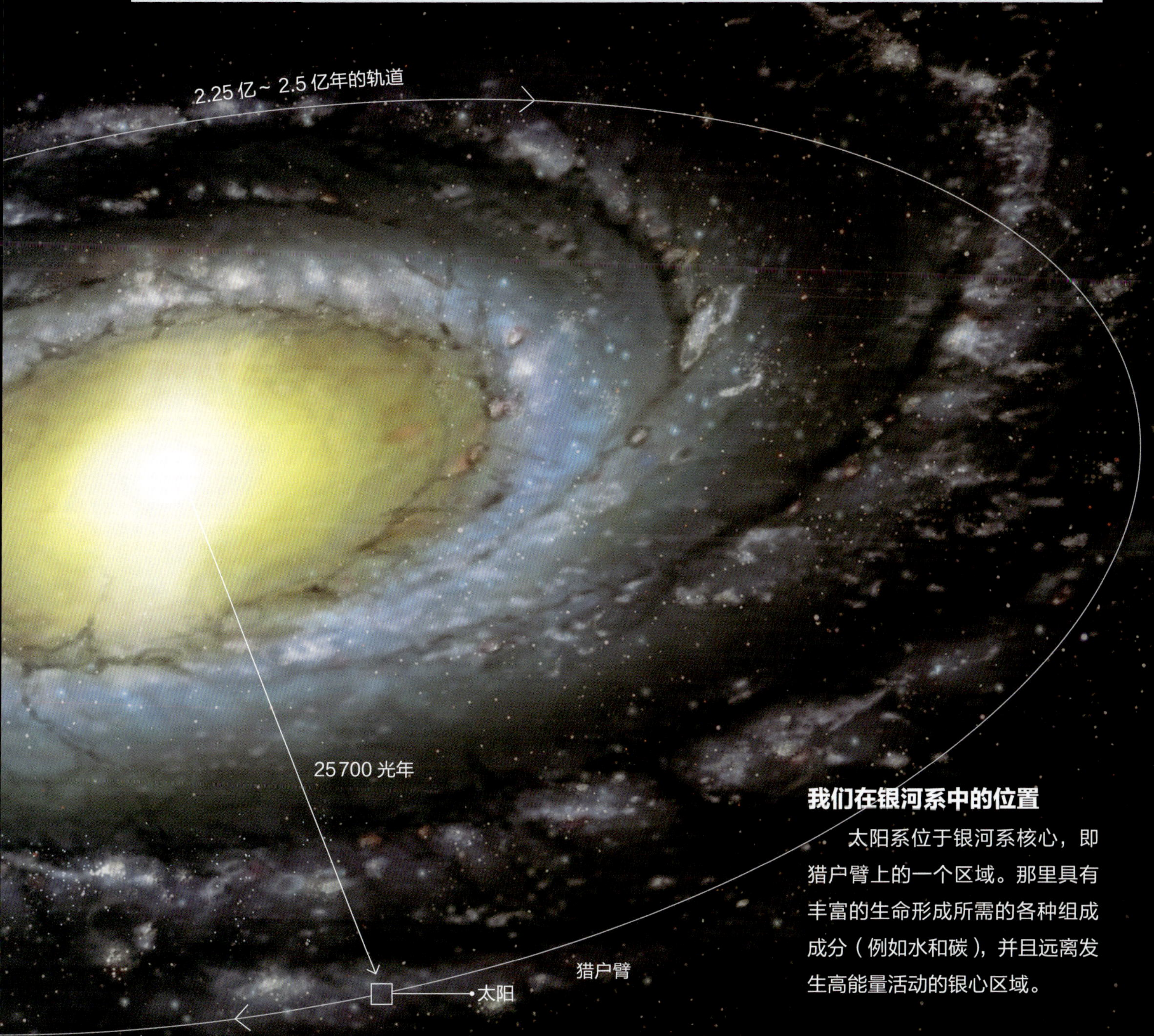

我们在银河系中的位置

太阳系位于银河系核心，即猎户臂上的一个区域。那里具有丰富的生命形成所需的各种组成成分（例如水和碳），并且远离发生高能量活动的银心区域。

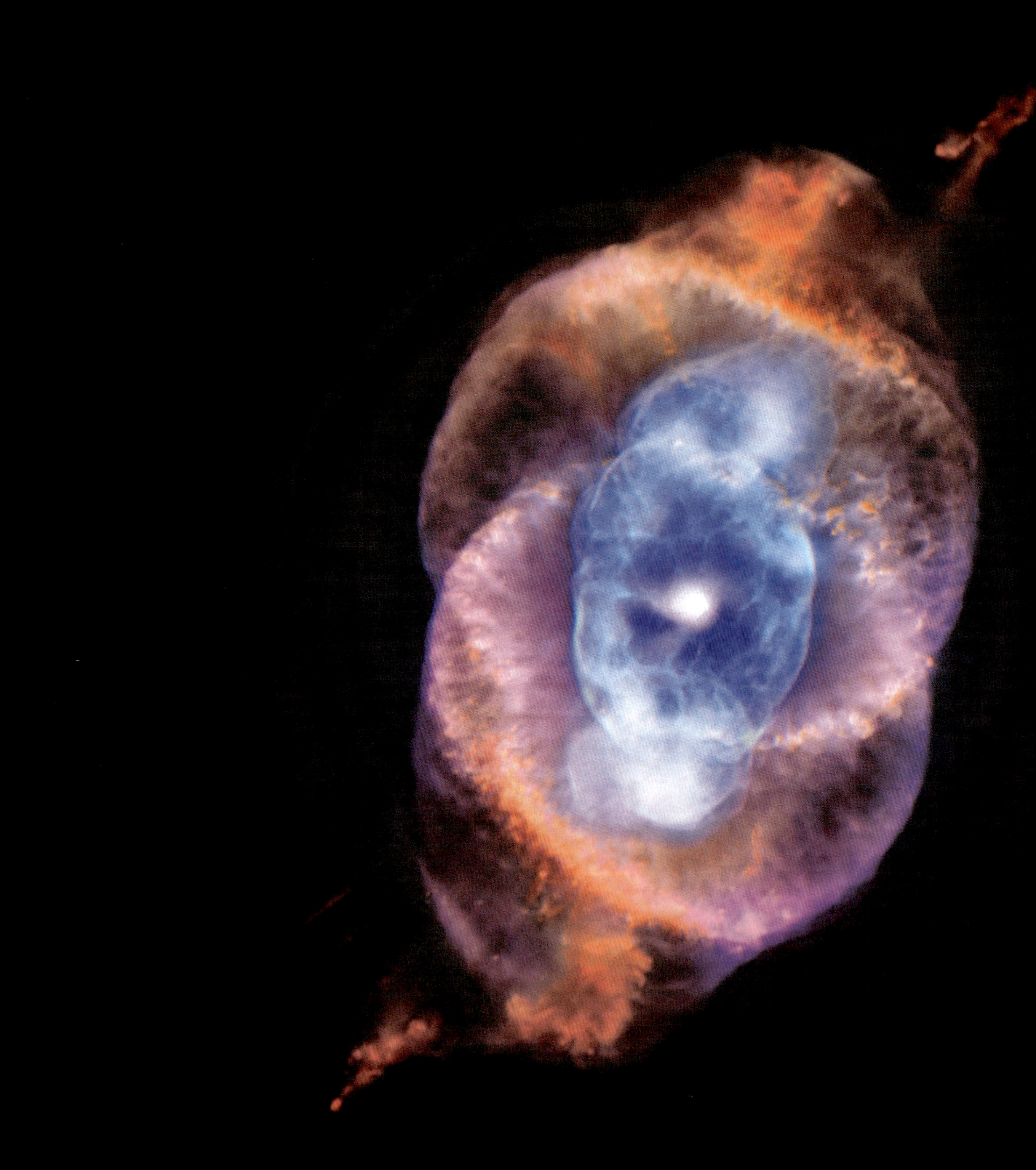

太阳诞生于一片古老的星云中，现在处于生命中期阶段，并将在约 50 亿年后变成一颗红巨星。之后，太阳周围会形成一个行星状星云，并转变为白矮星，最终走向衰亡。

左图：行星状猫眼星云。太阳会产生类似的星云

太阳的形成

大约 46 亿年前，银河系中的一片分子云受到了附近超新星爆发引起的密度波动的干扰，并在这种不平衡的影响下衍生出了包含太阳在内的恒星群。

分子云是极低温气体和尘埃的大量堆积物。它的质量可以达到几百万个太阳质量，直径能达到数百光年。在分子云内部，高密度的恒星物质团块通过收缩形成恒星。这个过程会加速分子云自身的发展，收缩区域会分裂成多个团块，每个团块都会演变成一颗新的恒星。分子云最终演变为一个包含几十至几千颗恒星的疏散星团。在很久之前，太阳就是某个星团的一部分，但是随着时间的流逝，由于银河引力潮汐的影响，太阳所在的星团散开了。如今，几组天体物理学家正在寻找那些早已迷失在我们银河系中的太阳的姐妹恒星。

引力导向的过程

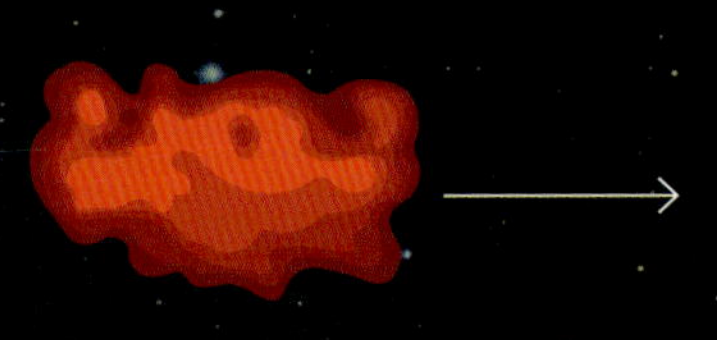

原始云团
太阳形成于一团巨大的气体云（主要成分是氢和一些氦）和尘埃中，这类气体云和尘埃在宇宙中十分常见

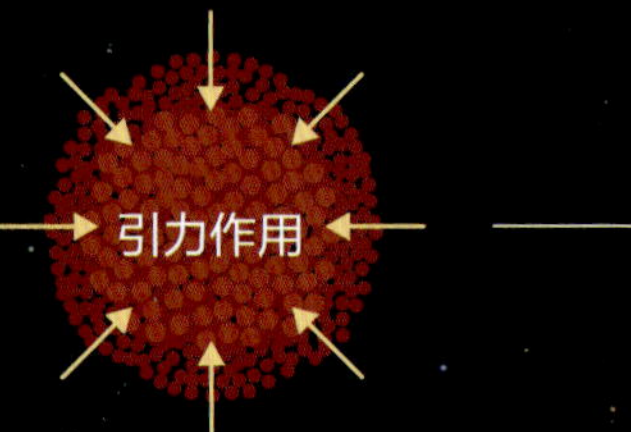

触发机制
大约 46 亿年前，可能是由于附近超新星爆发产生的冲击波的影响，气体云的一部分开始收缩。整个过程受到引力的调控

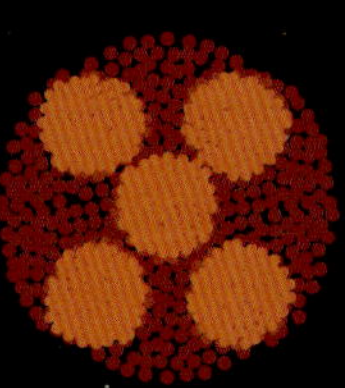

内部分化
气体云的收缩产生了许多团块，而非一个。这些团块又形成了另外一个更大、更致密的群组

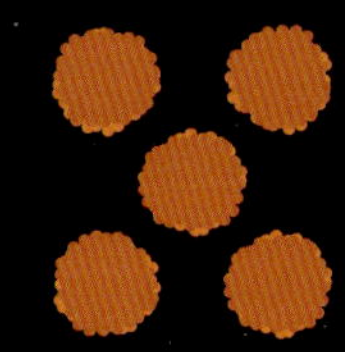

恒星种子
收缩过程中的那部分气体云最终分裂成几粒恒星的“种子”，并继续其演化过程，其中一颗就形成了我们的太阳

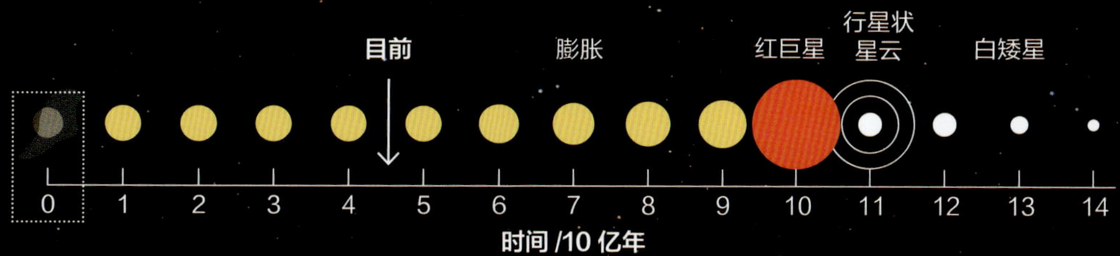

角动量守恒

旋转物体倾向于保持其旋转状态，这被称为“角动量守恒”。就像花样滑冰运动员一样，若其不借助外力作用改变姿势，则角动量保持恒定，即身体收缩则旋转速度增大，身体舒展则旋转速度减小。

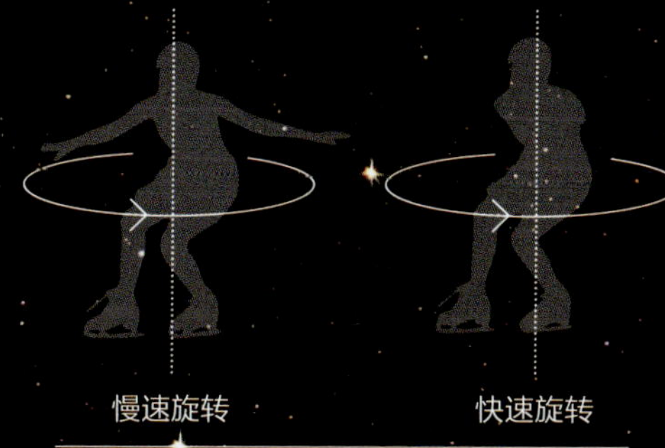

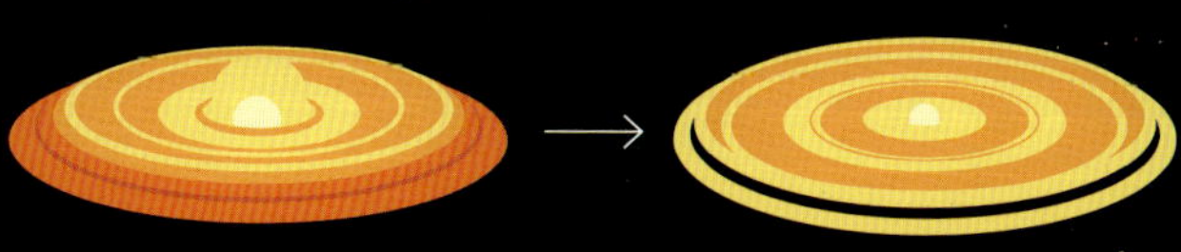

恒星胚胎
随后，恒星种子收缩形成了太阳的早期形态，即原太阳。原太阳周围环绕着一个旋转的物质盘。它的引力作用吸引了太阳系约 99.9% 的质量

恒星诞生
随着质量的不断积累，原太阳最终达到了压力和温度的临界点，开启了氢聚变并产生氦原子，同时释放出大量能量

太阳周围的原行星盘

在这幅图中，原太阳被大量尘埃和气体包围，这些尘埃和气体随时可以凝结成星子。星子是太阳系中未来行星和其他天体的种子。

挣脱恒星摇篮

在可见光下，鹰状星云中的年轻恒星正在慢慢远离它，就像太阳当初脱离分子云一样。孕育恒星的气态茧正被紫外辐射吹散。

“中年”太阳

在太阳的形成初期，围绕其运动的物质盘逐渐演化为其他天体。而当太阳进入中年时，物质盘消失，取而代之的是围绕其旋转的各个行星。

太阳最初的亮度比目前弱约30%，并且根据物理理论，其亮度在未来将继续增加。虽然太阳已不再是那颗不稳定的年轻恒星，但是尚未进入衰老阶段的太阳将在结构和发射能量方面经历剧烈的变化。

稳定的生命维持剂

长期以来，太阳一直处于一种非常稳定的状态，这对地球上的生命产生了非常积极的影响。地球生命正是由于经历了这一段漫长而平静的时期，才得以巩固，从而为人类等先进物种的出现奠定了基础。尽管太阳还将持续稳定数百万年，但这种稳定的状态总会有结束的那一天。

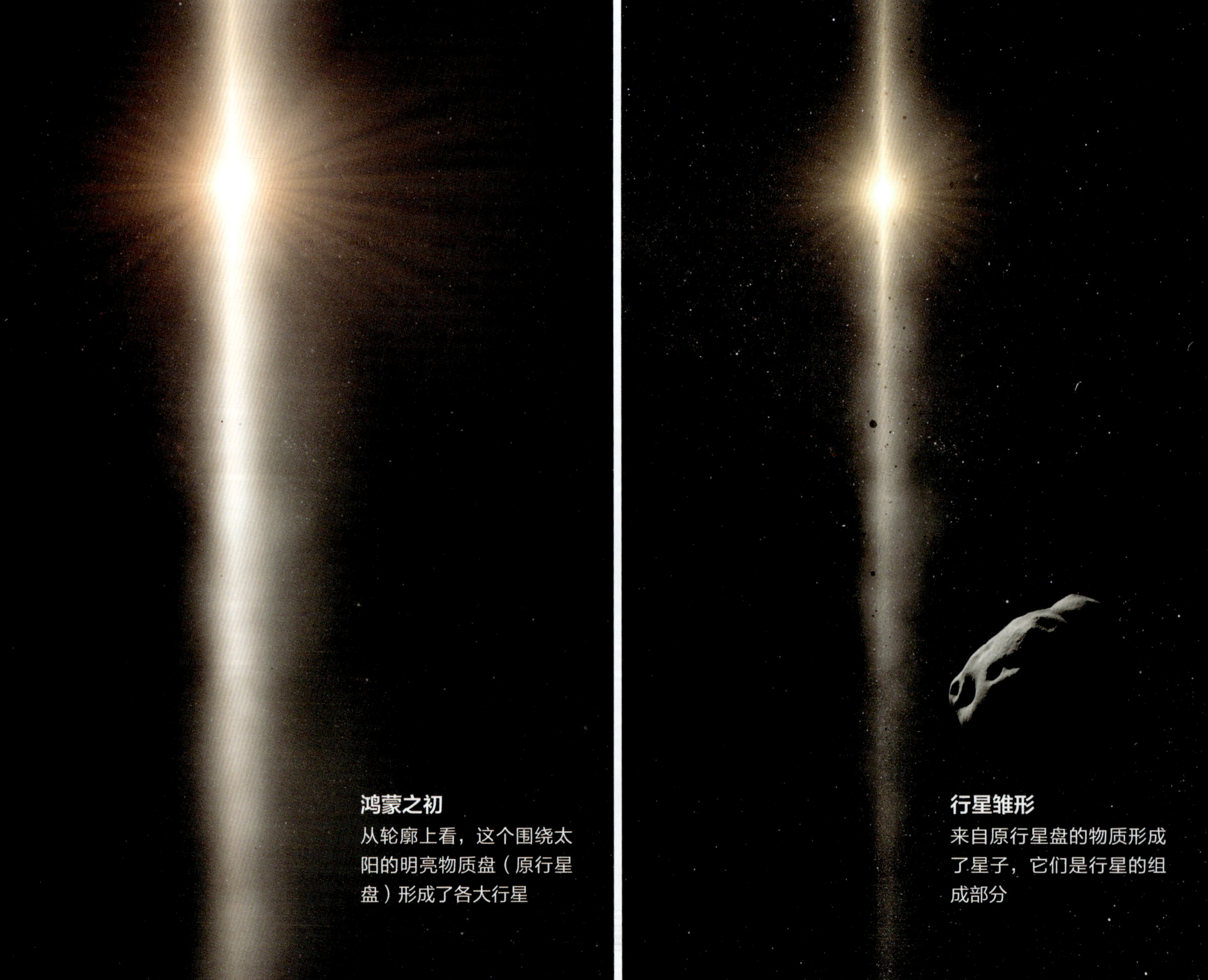

鸿蒙之初
从轮廓上看，这个围绕太阳的明亮物质盘（原行星盘）形成了各大行星

行星雏形
来自原行星盘的物质形成了星子，它们是行星的组成部分

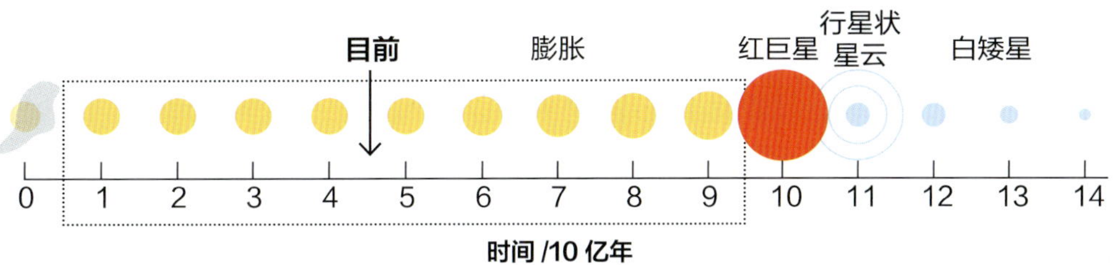

流体静力平衡

不考虑自转因素，由于核反应和天体引力作用，恒星呈现出球状形态。在核心发生的反应将大量能量释放到外部，这倾向于使恒星膨胀，而重力作用则促使恒星收缩。当两种作用相互平衡时，一颗稳定的恒星就产生了。

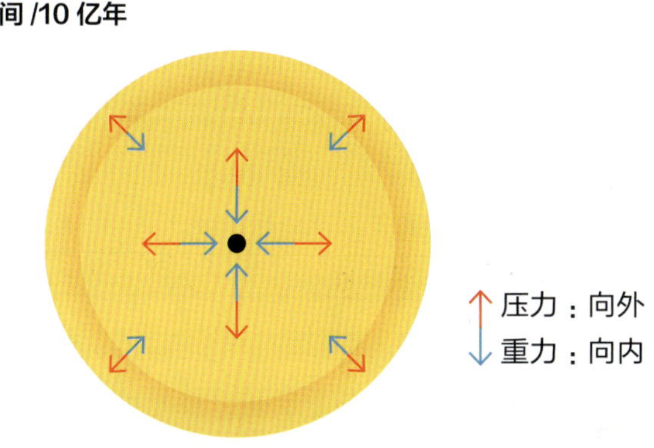

尘埃落定

太阳成年之前，每一颗星子都形成了几乎确定的行星形态

新世界

地球形成并适合生命繁衍，太阳将在长时间内持续为地球的生存提供能源及适宜的条件

像太阳一样的恒星

质量接近太阳的恒星被称为太阳型恒星。它们引起了人类的极大兴趣，因为它们所在的星系极可能像太阳系一样有生命存在。

太阳最初诞生于具有相同化学成分的星团中。之后，这些星团中的其他恒星逐渐漂移分散开，直到今天我们已经很难在宇宙中找到它们。许多与太阳光谱类型相同的恒星，即具有与太阳相似的颜色、质量和温度，即使它们与太阳之间没有这种初始的化学亲缘关系，也可以像太阳一样，为周围天体提供适合生命存在的良好环境。恒星周围的行星表面上可以容纳液态水的区域位置和范围，取决于恒星的亮度、表面温度以及行星大气能否以理想的方式保留或散发热量。

12 光年距离内可能存在的太阳系

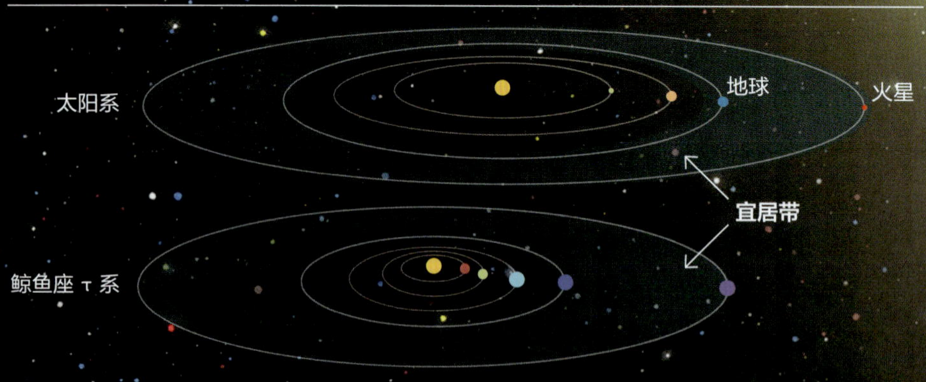

名称*	质量	亮度	距离太阳	表面温度	年龄
太阳	1	1		5 504 ℃	46 亿岁
南门二 A	1.10	1.52	4.37 光年	5 516 ℃	65 亿岁
南门二 B	0.90	0.50	4.37 光年	4 986 ℃	65 亿岁
波江座 ε	0.82	0.34	10.47 光年	4 810 ℃	7.2 亿岁
天鹅座 61	0.70	0.15	11.41 光年	4 252 ℃	61 亿岁
天仓五	0.78	0.52	11.91 光年	5 344 ℃	58 亿岁

* 近距太阳型恒星

孪生太阳

梅西叶 67 中的恒星与太阳的年龄和组成大致相同。特别是插图中的恒星还获得了“孪生太阳”的称号，不仅因为它和太阳的基本组成几乎相同，也因为它是拥有行星的恒星之一：它至少有一颗行星。

“太阳”双星

开普勒 1647 由两颗太阳型恒星组成，一颗比太阳稍大，另一颗稍小。且至少有一颗行星围绕着该双星运行。

成为红巨星的太阳

当太阳核心的氢燃烧殆尽时，保持其平衡的压力也会随之消失。太阳核心将开始收缩并释放引力能量，这也标志着这颗恒星开始走向生命的终结。

当太阳核心的氢被耗尽后，其核心区域将主要由氦元素组成，氢核聚变反应的减弱，使得核反应释放的能量与太阳引力之间的微妙平衡被打破。失去了氢聚变对引力的抵抗作用，太阳将向内收缩，这促使其内部的密度和温度不断增高，并进一步启动核心周围的氢元素的聚变反应。随后，太阳膨胀并逐渐冷却，最终形成一颗红巨星。新一轮的氢聚变使氦核的温度升高。当氦核达到约 1 亿摄氏度时，氦聚变即开始发生并产生碳原子。太阳核心的氦聚变过程将持续近 1 亿年，而其外层仍在进行氢聚变，并将持续更久的时间。当核心中的氦耗尽后，新一轮的太阳收缩继续引发外层的氢聚变及新一轮的氦聚变，导致太阳膨胀。

太阳宜居带的变化

在太阳周围，可以存在液态水的区域从地球一直延伸到火星，但这一区域并非一成不变。当太阳变成红巨星并吞噬水星和金星后，该宜居带将移动到火星之外，一直延伸到土星。图未按比例显示该演变。

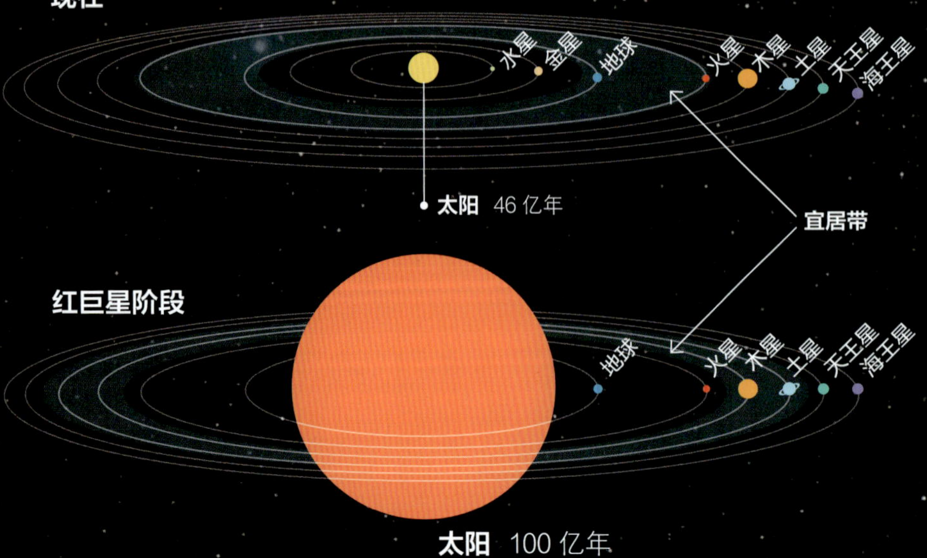

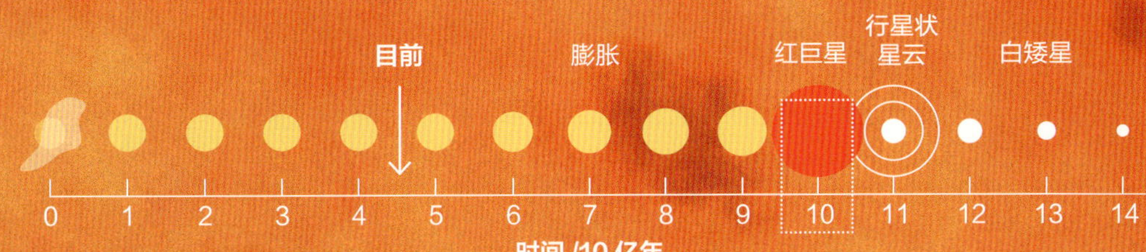

3α 过程

当太阳核心的氢聚变停止时，它将通过另一种新方法继续产生能量。它通过 3 个氦原子（也被称为“α 粒子”）的碰撞形成中间产物铍原子，并进一步形成碳原子，产生伽马射线。

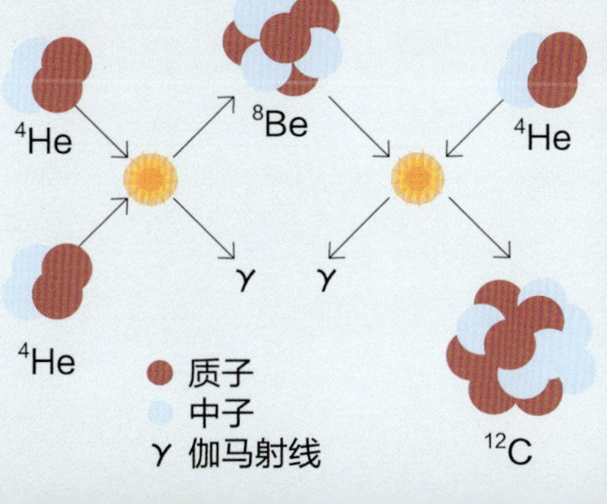

最后的暴胀

成为红巨星后的太阳将持续膨胀，大到足以吞噬掉离它较近的行星。

红巨星阶段

在氦被耗尽之后，太阳核心收缩，外壳膨胀，最终变成一颗具有简并碳氧核的红巨星

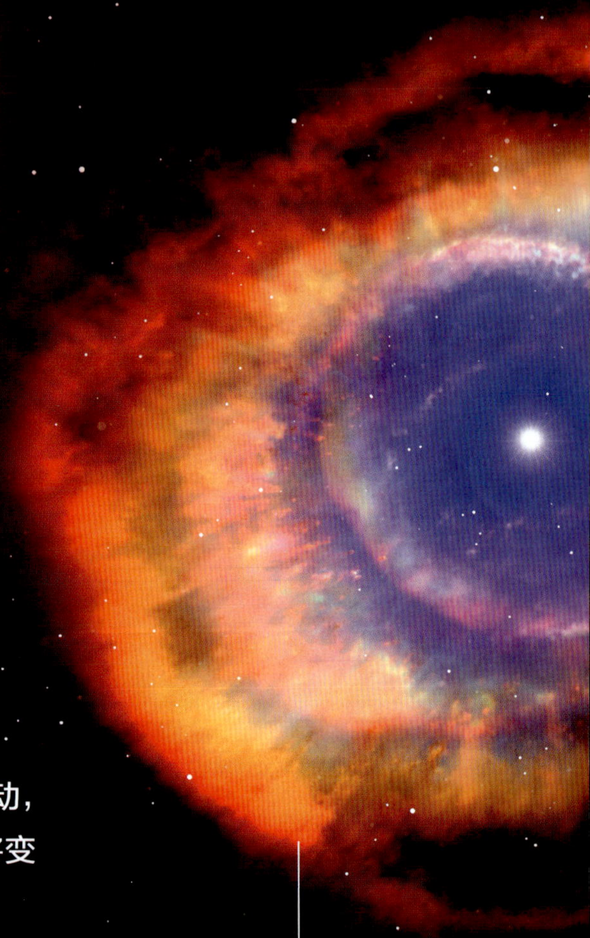

太阳之死

太阳的质量将决定它的终点。经过一段时间的核聚变活动，氦也将被耗尽，太阳将聚变为一片行星状星云，环绕着最终将变成白矮星的核心。

太阳产生能量的过程包括 4 个质子转变为 1 个氦核的不可逆核反应。在大约 50 亿年后，太阳核心区域中的氢将全部耗尽，而只剩下氦元素。由于氢原子的耗尽，质子－质子链反应将停止，太阳将在引力的作用下不断收缩，并伴有温度的持续升高。当温度达到 1 亿摄氏度时，剩余的氦会发生聚变生成碳和氧。一段时间内，太阳将通过这些核聚变产生能量。但是当核心里的氦耗尽后，太阳将失去能量来源，因为那时太阳的质量不足以引发碳聚变。

行星状星云

强烈的太阳风掠走太阳的外壳，使其成为一片行星状星云，而太阳裸露的核心将成为一颗白矮星

裸露的核心

到那时，伴随着氢和氦的两级核聚变，强烈的太阳风将掠走太阳的外壳，只剩下由碳和氧组成的内核。太阳会变成一颗非常年轻的白矮星，而曾经的

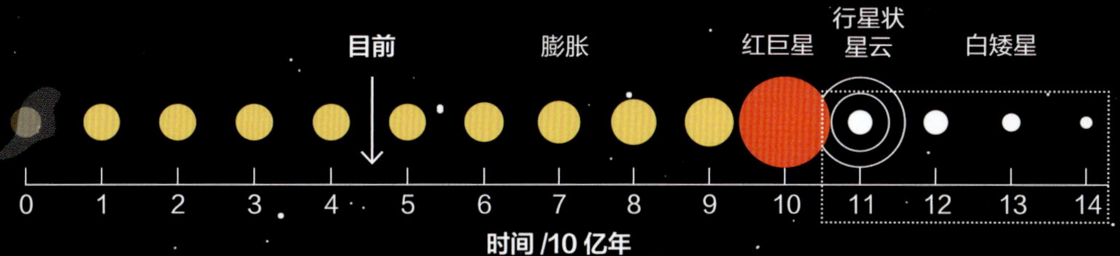

生命尽头

太阳生命的最后阶段将从它变成红巨星开始，并在被太阳风掠走外壳，变成一颗亮度微弱的白矮星时宣告终结。

裸露的内核

当外壳被太阳风掠走后，太阳将仅剩下其裸露的内核，此时太阳核心的温度将在 10 万摄氏度左右

终结：白矮星

在接下来的数十亿年时间里，太阳内核的温度将逐渐下降，这颗白矮星将伴随着大量热能的丧失而变得几乎不可见

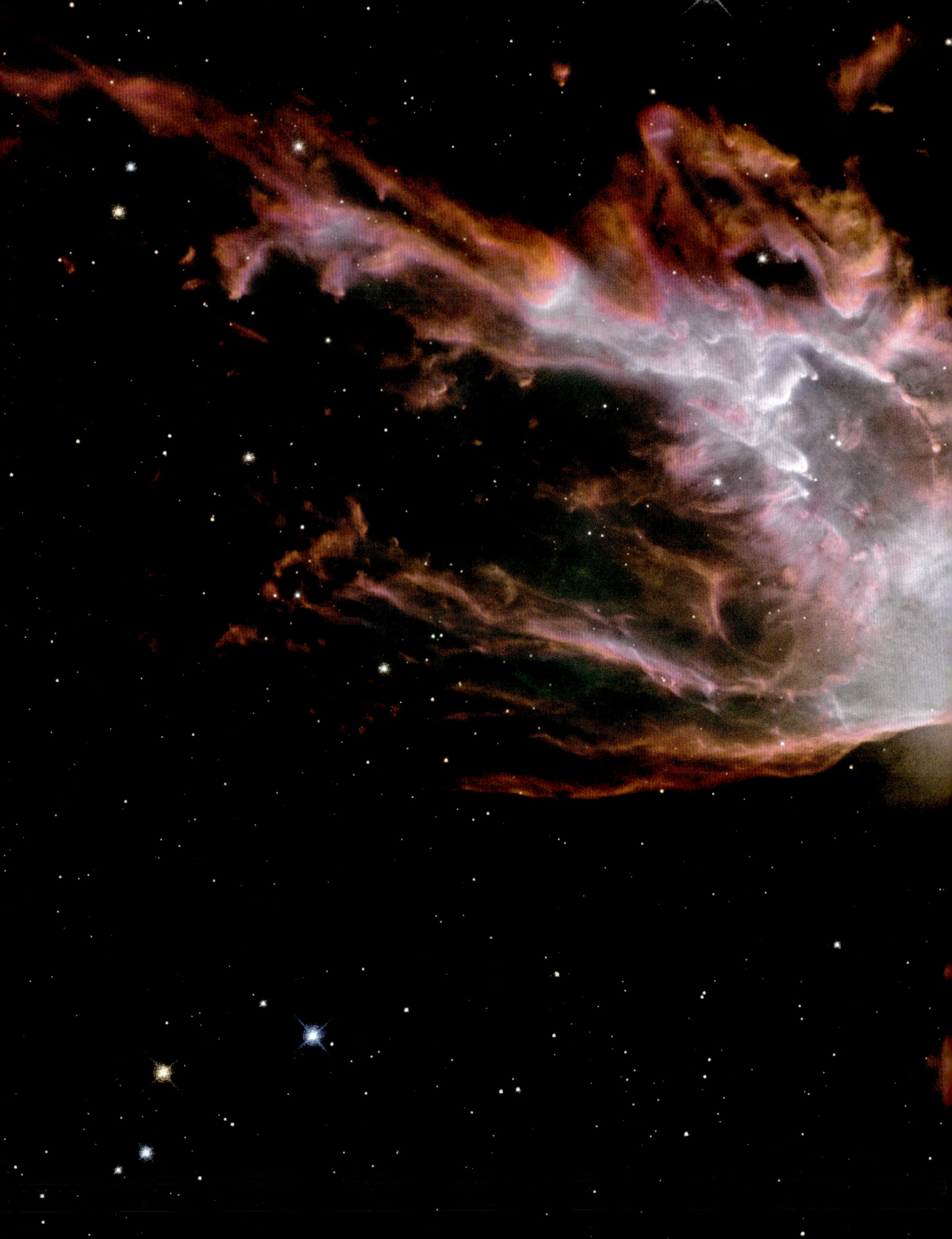

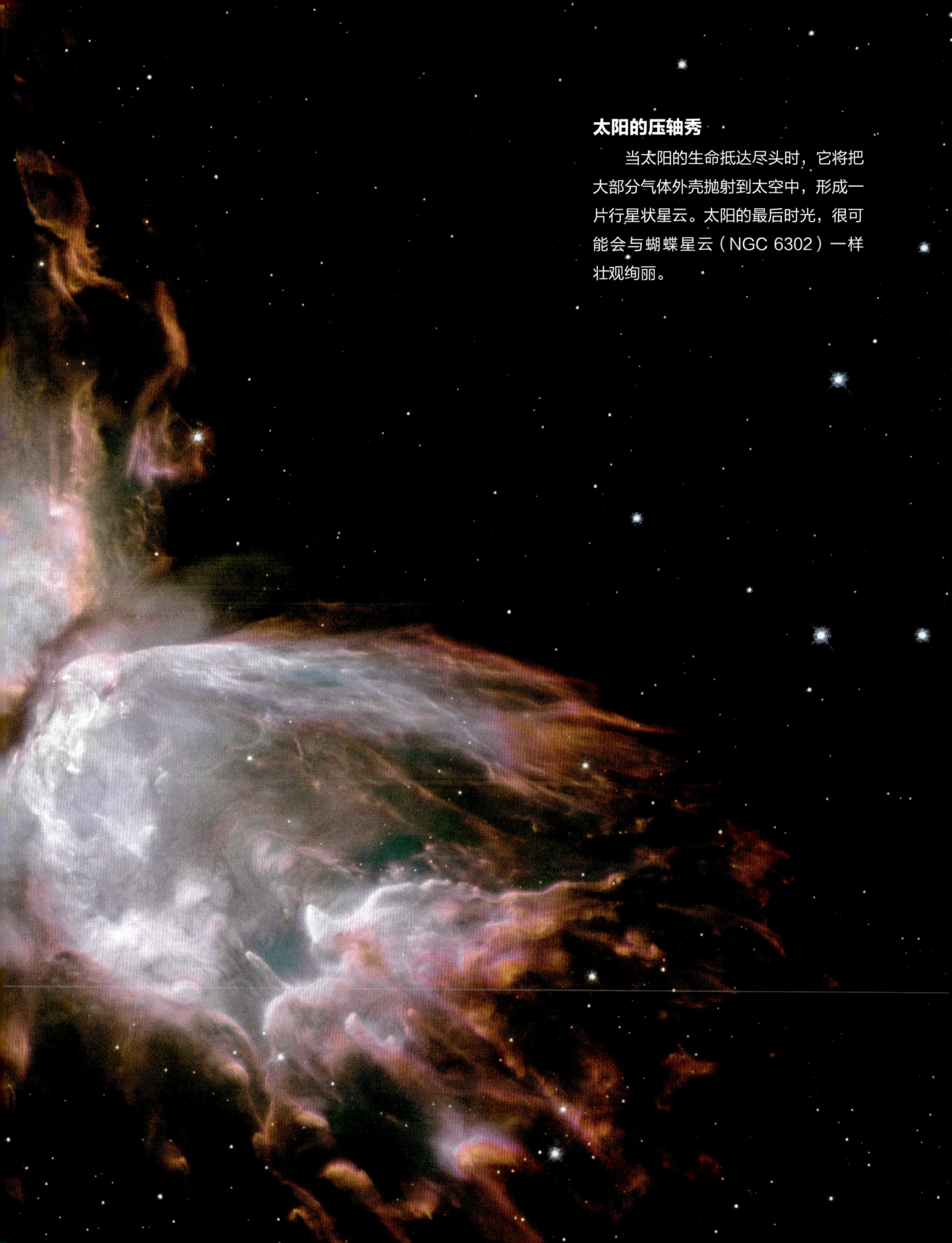

太阳的压轴秀

当太阳的生命抵达尽头时，它将把大部分气体外壳抛射到太空中，形成一片行星状星云。太阳的最后时光，很可能会与蝴蝶星云（NGC 6302）一样壮观绚丽。

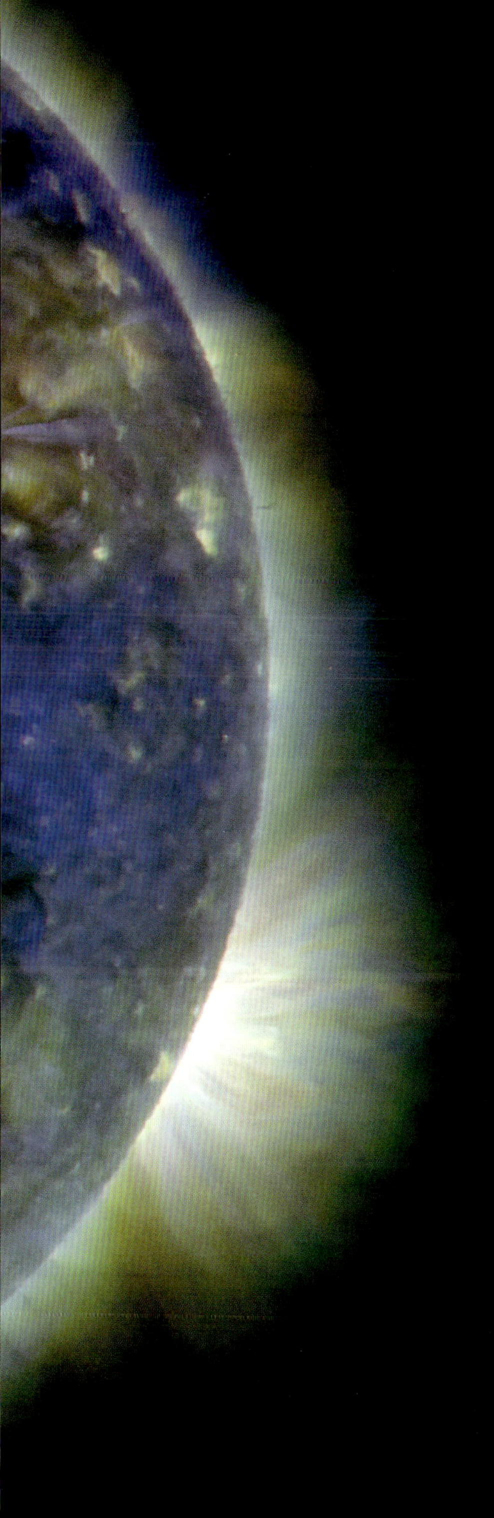

太阳活动

观察不同波长的太阳光可以使我们更好地认识太阳的活动。这些活动剧烈、复杂且各具特点，这也是太阳能持续变化的原因。通过这种方法，我们还可以区分太阳爆发和日震等现象。

左图：不同的颜色表示不同温度的太阳等离子体

对流层

太阳产生的能量来自光球，光球内部为对流层。它可以通过对流运动来进行能量的传输，并产生太阳磁场。

当能量通量太大而无法被等离子体运输时，就会发生对流，这可能是由于能量通量增加或介质的性质发生了变化。当太阳的温度下降到 200 万摄氏度时，某些金属会留住其部分电子，从而导致对流层的不透明度增加，即对流层的性质变化。在这种状态下，物质对光的透射性较差，能量传输效率也较低。等离子体吸收能量后，大量热物质（气泡）开始运动，将能量向外输送。上述这些对流运动同时产生了太阳磁场。

差旋层

辐射层和对流层之间的过渡区域称为差旋层。差旋层基于其内部的机制产生了太阳磁场，并且在辐射层的刚体自转到对流层的较差自转之间进行了过渡。

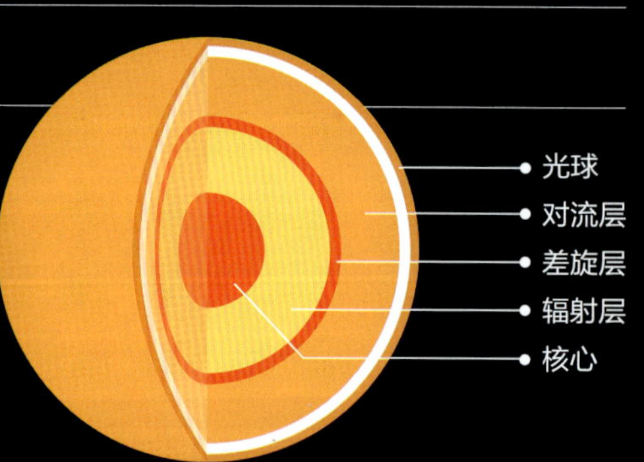

太阳的对流运动

在太阳对流层中，形成了将热量从辐射区传输到太阳表面的传热路径，在该路径中形成了太阳米粒组织。热等离子体向上抬升并转移能量，随后冷却，并再次下沉到底部吸收能量，从而重新开始循环。

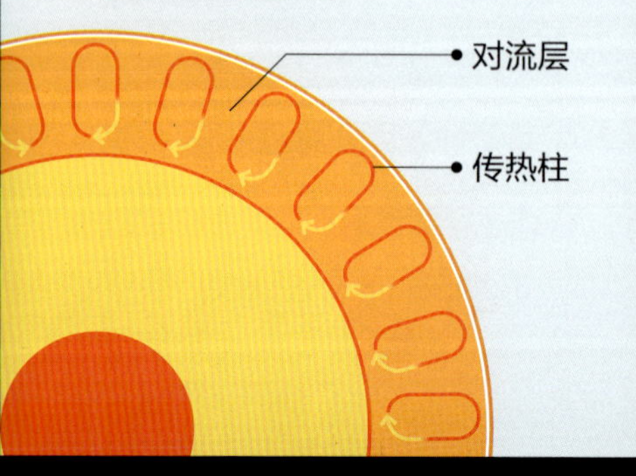

对流的影响：高处的喷发活动

太阳对流层喷发活动的计算机模拟图，其喷发高度可达约 1 000 千米。

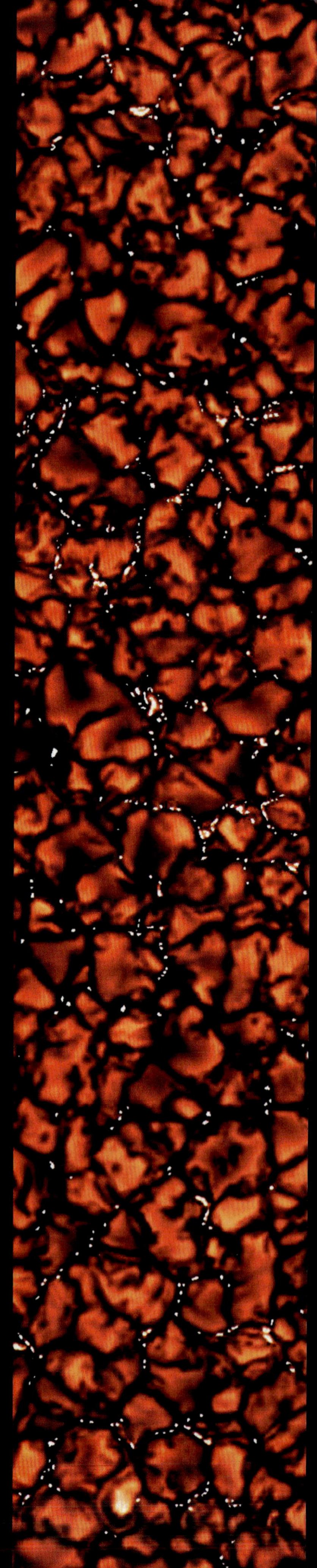

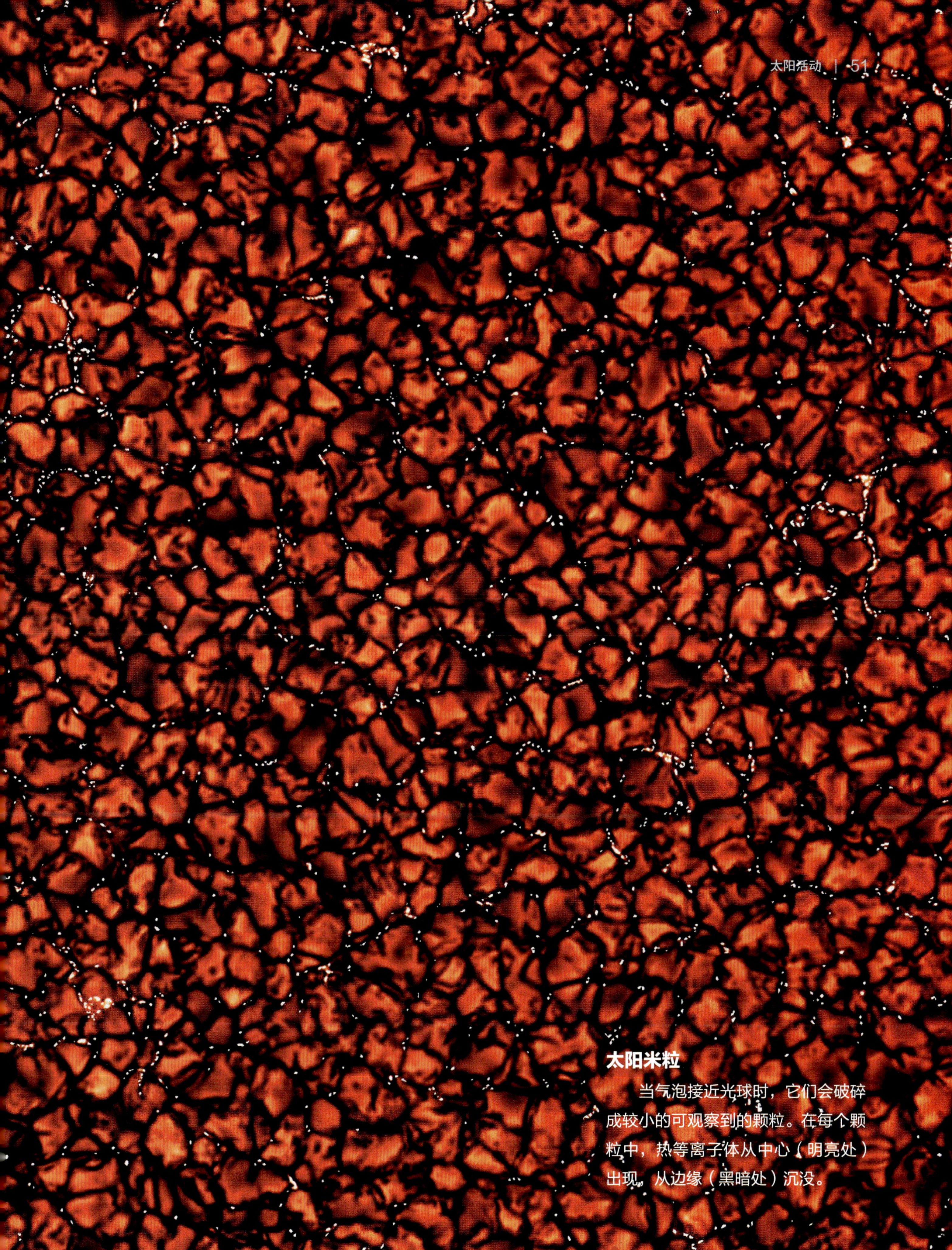

太阳米粒

当气泡接近光球时，它们会破碎成较小的可观察到的颗粒。在每个颗粒中，热等离子体从中心（明亮处）出现，从边缘（黑暗处）沉没。

太阳磁场

太阳在其对流层中形成一个强磁场。关于它的研究对于理解太阳活动和行星际磁场（IMF）物理学至关重要。

整个太阳系，包括地球，都会受到太阳磁场的影响。太阳风将太阳磁场传导至整个日球层，其中太阳风的压力高于星系间介质的等离子体的压力。太阳磁场起源于对流区的最内部区域，等离子体的运动在该区域产生磁场，磁场的强度在整个太阳活动周期中不断变化。在某些区域，太阳磁场会扭曲直至磁力线断裂，释放出能量并使粒子加速，从而形成太阳耀斑。

黯淡的太阳黑子

太阳磁场会抑制对流运动，从而降低了它的热传导效率。太阳黑子区域的温度比光球其余部分要低大约 1 300℃，这就是为什么它们看起来比周围的等离子体更暗的原因。

行星际磁场

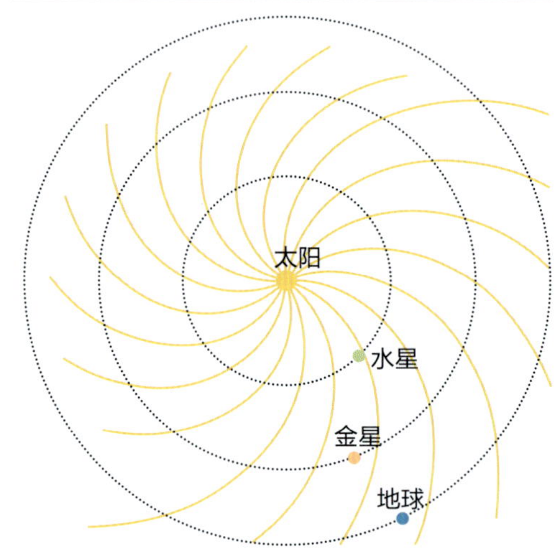

太阳风是由质子、电子和 α 粒子组成的带电粒子流，随太阳磁场一起移动。这种行星际磁场呈螺旋状向外运动，充满了太阳及其各大行星之间的空间。

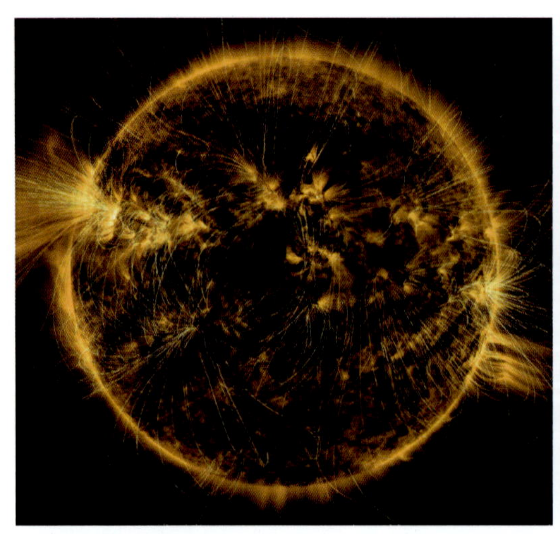

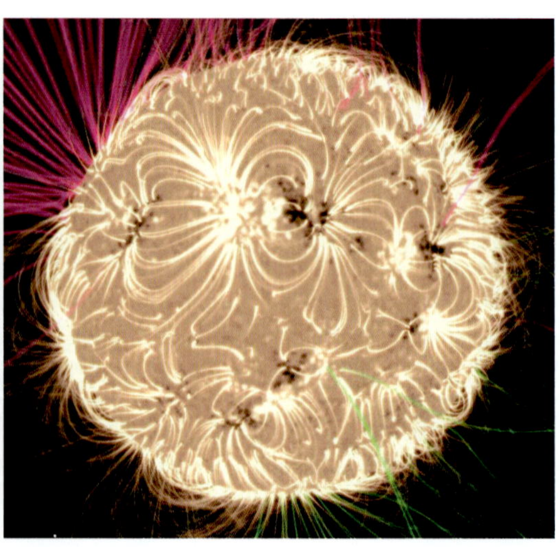

太阳磁场图像

左图是将磁力线添加到太阳动力学观测台（SDO）拍摄的照片上所得到的图像。右图是由计算机模型外推得到的太阳磁场图像

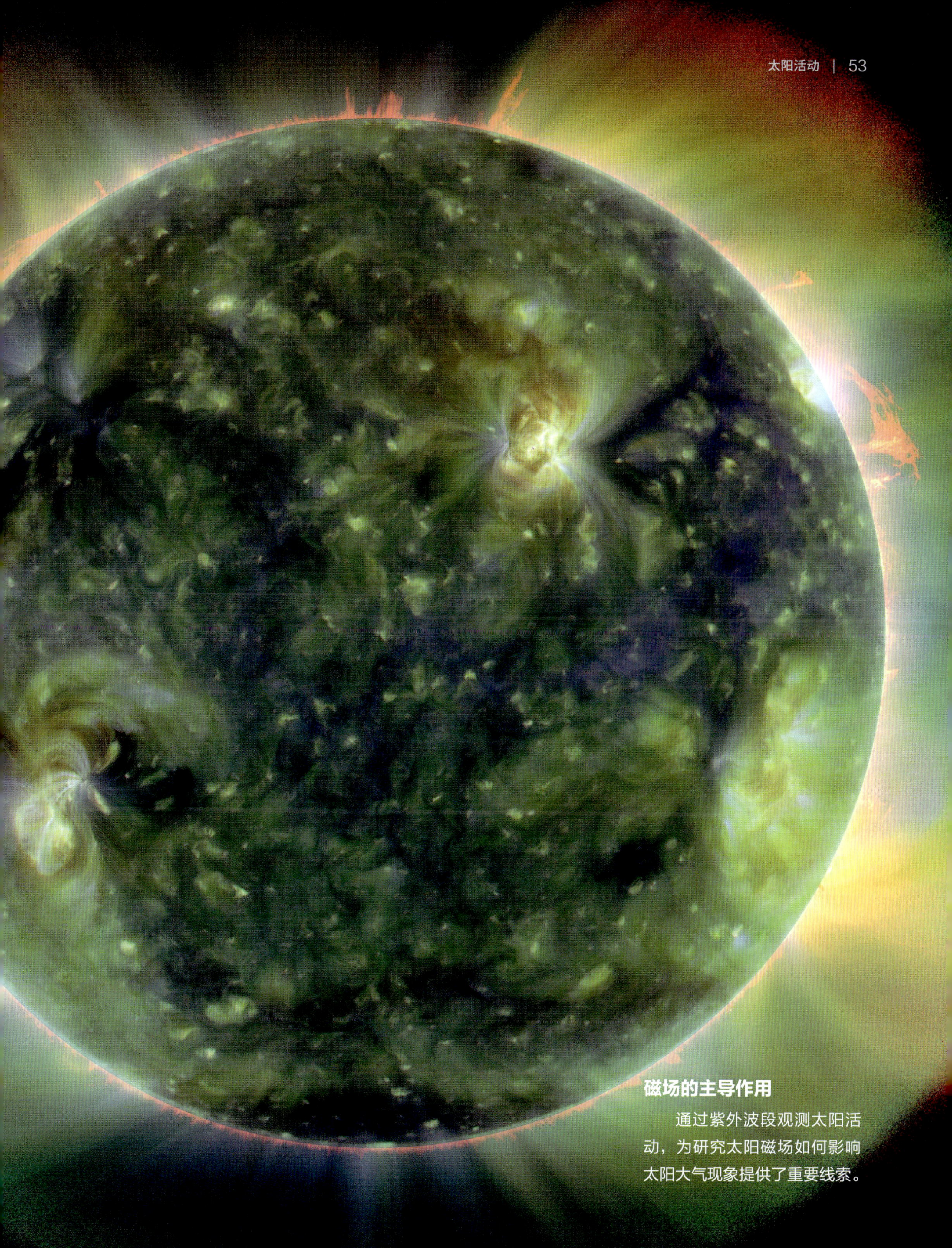

磁场的主导作用

通过紫外波段观测太阳活动，为研究太阳磁场如何影响太阳大气现象提供了重要线索。

太阳活动周

在仅十多年的时间里，太阳即从一个活动量最少的时期（可以从它数量极少的太阳黑子或耀斑中看出）过渡到另一个充满活力的时期。

一个太阳活动周期约为 11.2 年，每个周期的持续时间略有不同。通常情况下，每个活动周期是低活动期后接着一个激烈活动期，这样循环往复。在低活动期（即太阳活动极小期），太阳黑子数量少且比较小，剧烈的太阳活动，如耀斑和日冕物质抛射也很少见。而在太阳活动活跃期（即太阳活动极大期），太阳活动及太阳黑子的数量明显增加。太阳磁场在太阳活动周期内也不断变化：在低活动期，太阳磁场非常均匀；随着其逐渐步入活动极大期，太阳出现更多的磁场结构并导致黑子、耀斑和密度较大、能量较高的太阳风增加。

最近的太阳活动周

该周期是德国天文学家塞缪尔·海因利希·史瓦贝（Samuel Heinrich Schwabe）在 19 世纪发现的。他发现以前有关于太阳活动的纪事与该周期一致。21 世纪前三个周期的最大值分别对应 2001 年、2014 年，还有待确认的 2024 年。

太阳黑子的变化

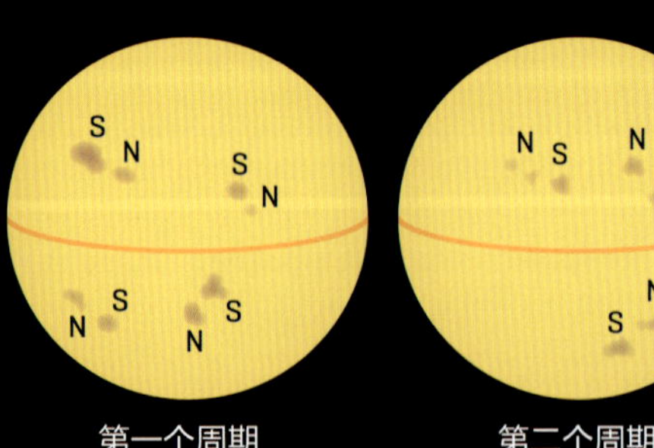

第一个周期　　第二个周期

在太阳活动极大期，太阳的磁场会发生反转，即南北极互换。再过 11 年左右，两极又会反转过来。总周期约 22.4 年。黑子群的磁性也会随着太阳活动周期大约每 11 年变化一次。

太阳辐照度

太阳辐照度，即单位面积和单位时间内的太阳辐射能量。尽管其受太阳活动影响，但对于地球而言它几乎恒定。太阳黑子数与太阳辐照度密切相关（如图）。

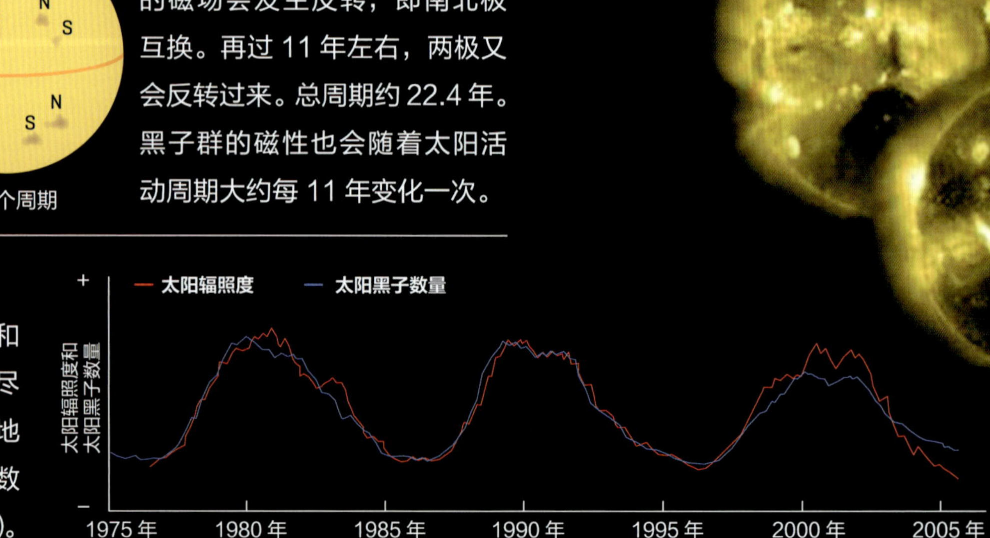

太阳活动极小期

在 1996 年的太阳活动极小期中，日冕处于最宁静的状态，几乎没有明显的活动区域

1999 年

2000 年

2001 年

2002 年

2003 年

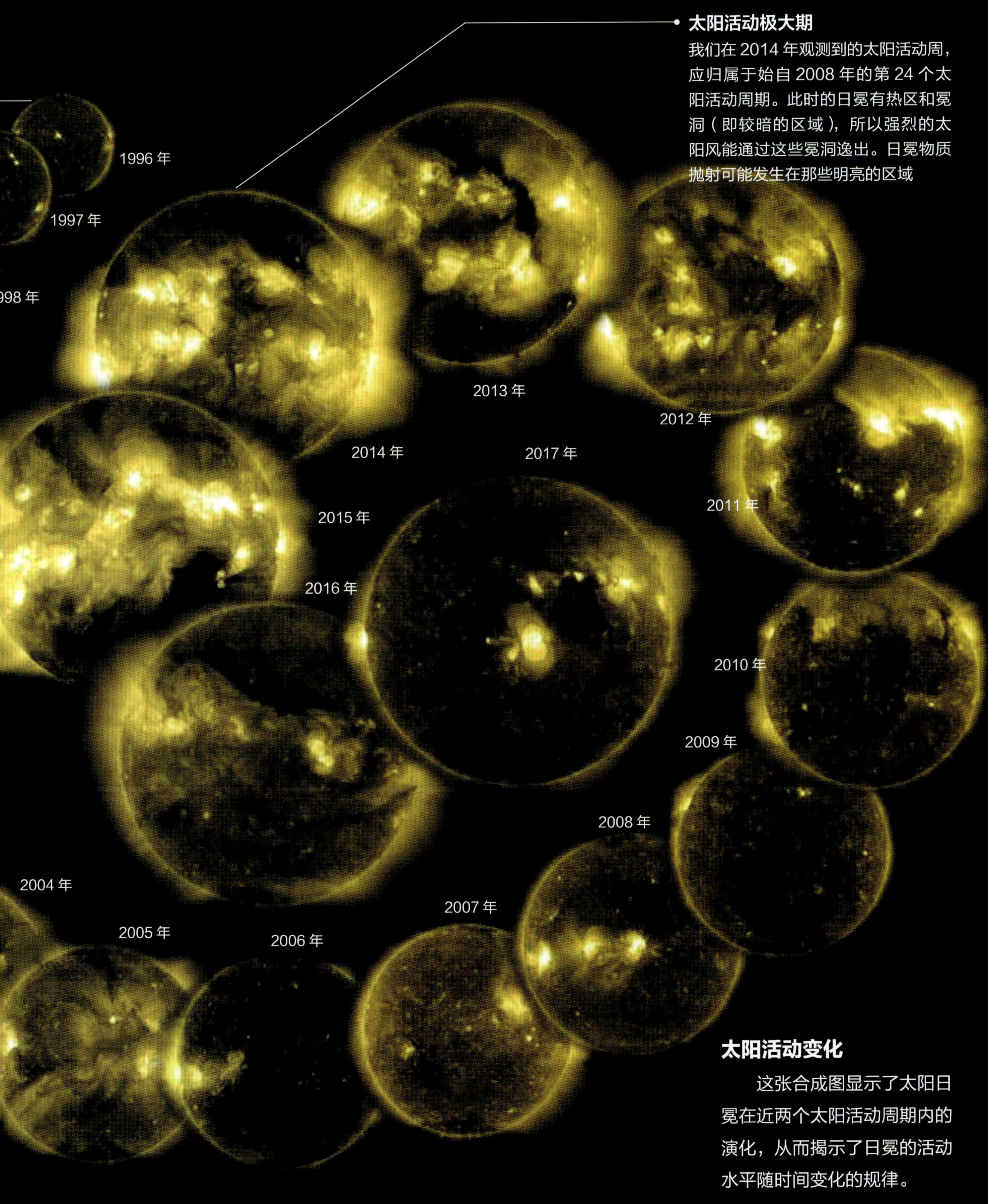

太阳活动极大期

我们在 2014 年观测到的太阳活动周，应归属于始自 2008 年的第 24 个太阳活动周期。此时的日冕有热区和冕洞（即较暗的区域），所以强烈的太阳风能通过这些冕洞逸出。日冕物质抛射可能发生在那些明亮的区域

太阳活动变化

这张合成图显示了太阳日冕在近两个太阳活动周期内的演化，从而揭示了日冕的活动水平随时间变化的规律。

太阳黑子

太阳黑子是太阳大气的主要特征之一，并且对太阳活动做出了良好指示。它的数量便于我们确定太阳所处的活动时期。

太阳黑子起源于大致呈圆形的小区域，称为微黑子。随着时间的流逝，它们的形状会变得越来越不规则。如图所示，这些区域的温度比周围的等离子体低约 1 300℃，因此它们的发光程度远小于周围的物质，看起来更暗。当一个太阳黑子形成时，最暗的区域称为本影，周围较暗的区域称为半影。一旦达到一定的成熟度，太阳黑子的数量和面积就会降低，直到再次变成米粒，最终消失。

黑子群

成对出现的太阳黑子：其中一个形成于磁场从太阳表面穿出的位置；另一个则位于磁场穿入太阳表面的位置。太阳黑子倾向于成群出现，数量的多少取决于其所处的 11.2 年的太阳活动周期中的时期。自 18 世纪以来，人类一直不断记录它们的数量，我们发现，在 1645 至 1745 年间，太阳黑子几乎完全消失了。这个时期被它的发现者英国天文学家爱德华·蒙德（Edward Maunder）称为“极小期蒙德”。

太阳活动极小期和太阳活动极大期

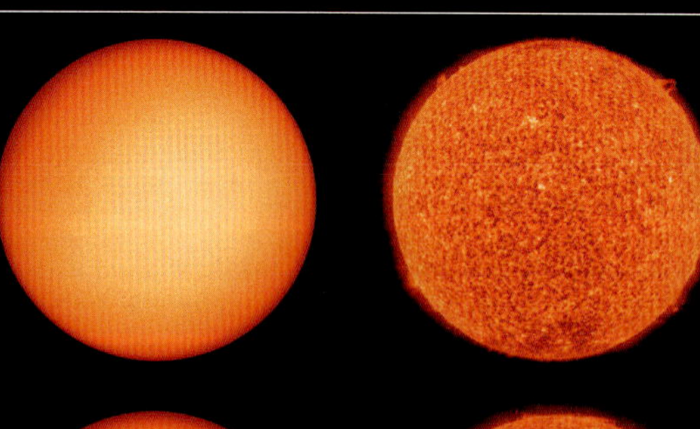

2009 年 3 月 18 日
（太阳活动极小期）

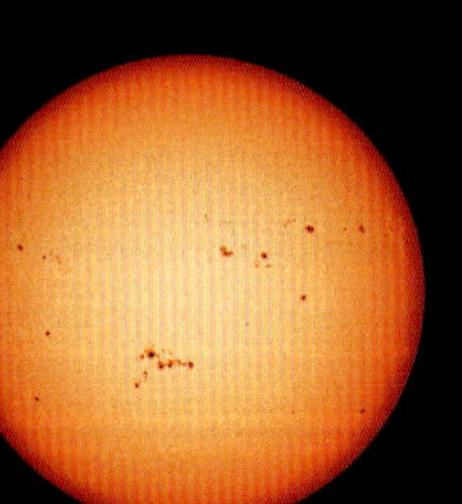

2000 年 7 月 19 日
（太阳活动极大期）

在太阳活动极小期，太阳黑子可能会从太阳表面消失（上左），从而大大减少那些激烈的太阳活动（上右）。而在太阳活动极大期，太阳光球中的黑子数（左）及色球中的耀斑（右）最多，且伴随太阳爆发现象。

大过地球的太阳黑子

某些太阳黑子，如这张图像中的，其延展范围比地球还大，并且可以快速出现和演变。

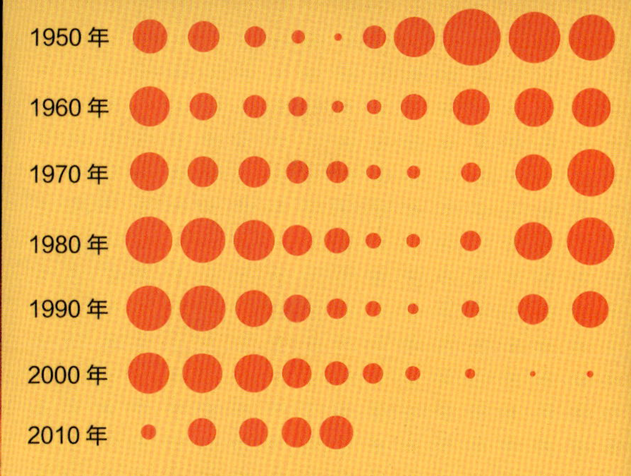

太阳黑子周期的可变性

近几十年来，太阳黑子的数量遵循惯例受太阳活动的影响，周期性地出现最高值和最低值。在该图上，圆圈的大小（从 1950 至2014 年每年一个）表示太阳黑子的平均大小，太阳黑子越大，则圆圈越大。

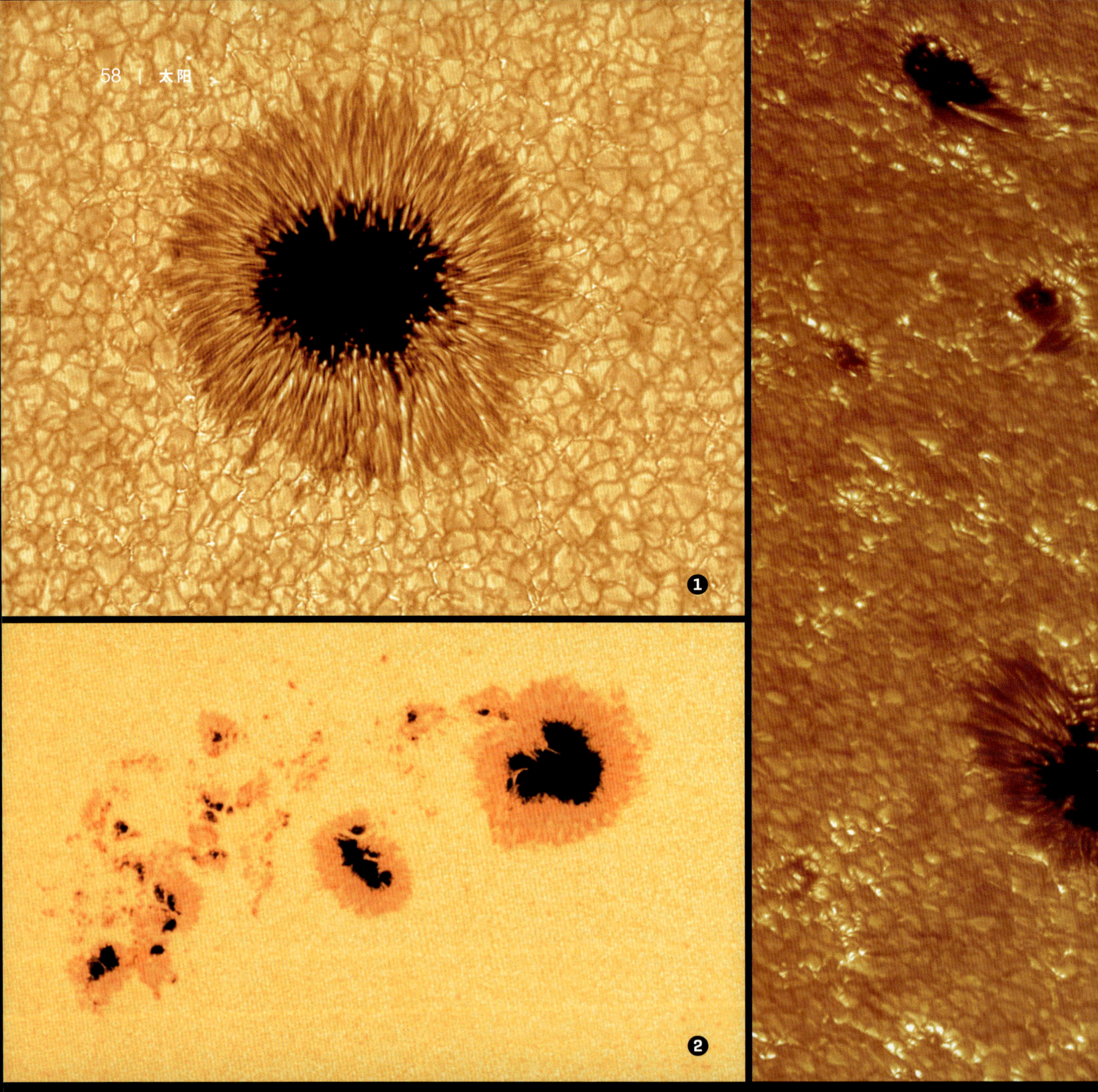

活动区

由于各种原因，出现太阳黑子的区域（暂时的和迅速发展的）是活跃区域，可以明显地将这些区域和太阳其他区域区分开。

1. 本影和半影

图像显示的是成熟的太阳黑子，显示了本影或较暗的区域以及围绕它的半影。半影的结构可能取决于磁场与太阳对流区上部区域的相互作用。由光球中的对流气泡形成的太阳米粒非常明显。

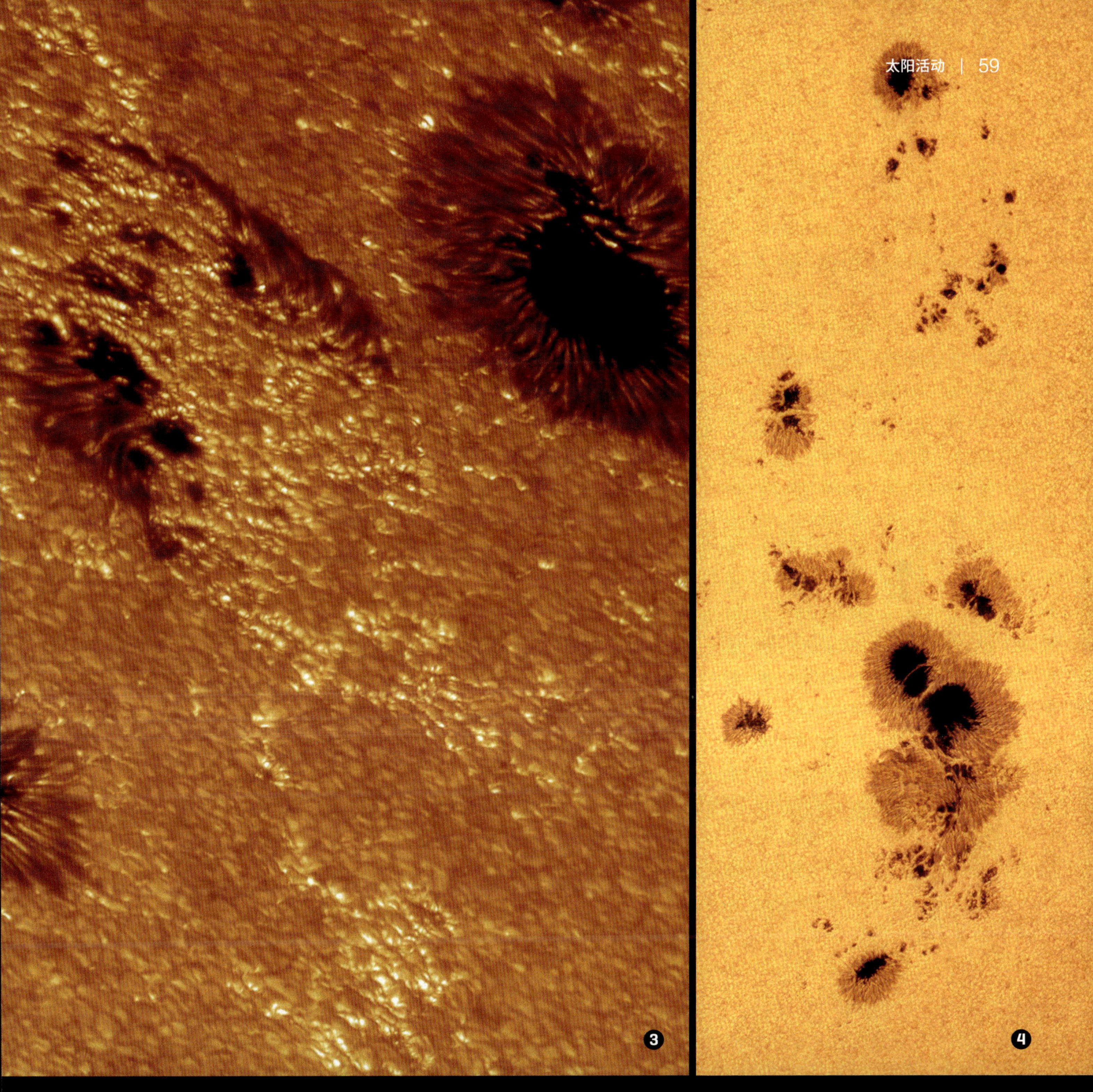

2. 巨大的太阳黑子

这组太阳黑子是由美国国家航空航天局（NASA）的太阳动力学天文台（SDO）在 2014 年 1 月初发现的，并被标记为 AR1944，图片较准确地表示它的大小。图像中心的椭圆形黑子的体积与地球相同，便于我们对其大小有

3. 在阳光下会面

这组不同大小的黑子的外观略有变形，这表明它们是在靠近太阳边缘处被观测到的。还可以看到太阳表面的光球状颗粒，还有在其瞬变时出现的短暂亮点，即太阳光斑。

4. 黑子的最大发展阶段

在该图中，一群太阳黑子处于最大发展阶段。其中，可以区分出复杂的太阳黑子，它们有本影和半影（具有特征性的丝状结构）以及没有半影的黑子，即微黑子。尽管有一定的难度，但还是可以看到光球的颗粒。

太阳爆发

有时，尤其是当太阳处于活动最活跃的时候，太阳会发生巨大的爆发，并喷射出大量物质，即太阳耀斑。

太阳等离子体在限定于所谓的“磁瓶”内的太阳大气中传播，该“磁瓶”由一组磁力线组成。如果磁力线保持不变，则等离子体会留在其内部，看起来像隆起一样；但是如果将磁力线撕裂，则其中的物质可以像质子、电子和高能 α 粒子形成的风一样从太阳中逃逸。这种情况下，日珥爆发就可能伴随着耀斑形成一种发光现象。这些隆起不仅在太阳边缘可见，当其被投影在日面上时，被称为“暗条”。太阳耀斑十分壮观，几乎总能在宇宙空间背景下观察到。

狭窄的观测窗口

要观察出现在太阳上的日珥，必须使用 H-alpha 滤光片——该滤光片仅允许在狭窄波长范围内（以 656.28 纳米的氢线为中心）的辐射通过，然后在电磁光谱的红色区域中将上述辐射可视化。

太阳耀斑类型

太阳耀斑可以分为很多不同的能量级别，其分类依据是地球附近 X 射线通量的峰值。每个等级（A，B，C，M 和 X）的太阳耀斑比上一级强 10 倍，且每个等级都再根据线性关系细分为 1 到 9 级。比如，X2 级别耀斑的能量是 X1 级别的两倍，是 M5 级别的 4 倍。M 级别和 X 级别（可以是两位数）的能量最大，出现频率较低，并且与地球空间环境中的效应相关。

分类	X 射线的峰值流量
A	小于 10^{-7} 瓦 / 米 ^{2}
B	10^{-7} ~ 10^{-6} 瓦 / 米 ^{2}
C	10^{-6} ~ 10^{-5} 瓦 / 米 ^{2}
M	10^{-5} ~ 10^{-4} 瓦 / 米 ^{2}
X	大于 10^{-4} 瓦 / 米 ^{2}

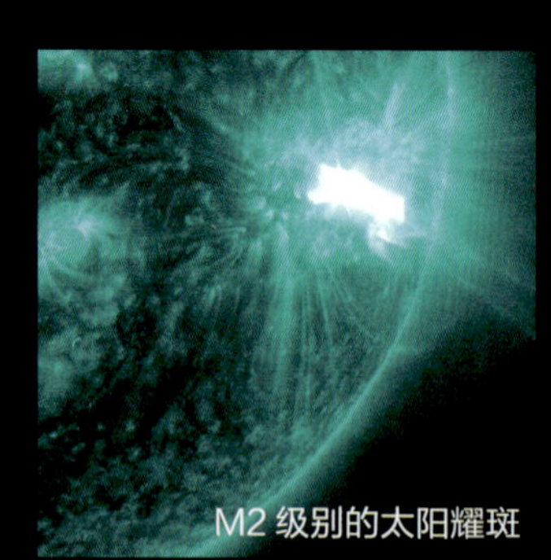
M2 级别的太阳耀斑

X2 级别的太阳耀斑

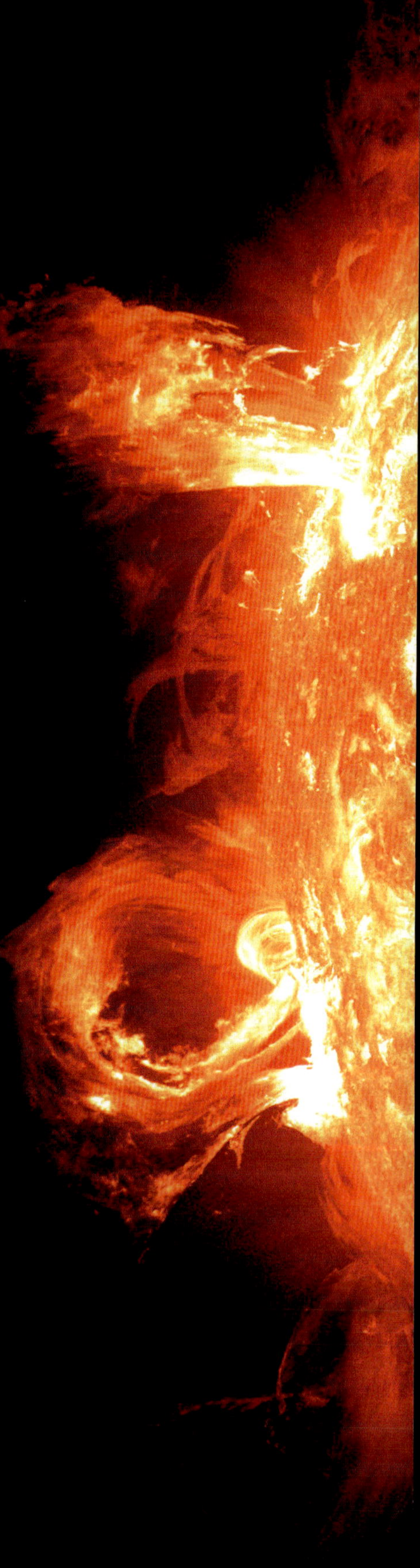

连绵不绝的太阳爆发

该图像由太阳动力学天文台（SDO）2013—2014 年拍摄的所有太阳耀斑照片组合而成。

太阳耀斑的多波段观测

该序列显示了不同波长下观察到的太阳耀斑，波长单位以 Å（埃，1Å=10^{-10} 米 = 0.1 纳米）表示。从左到右依次为光球、色球、未激发的日冕、活动区日冕，最后是在 94Å 和 131Å 处产生的耀斑发射。

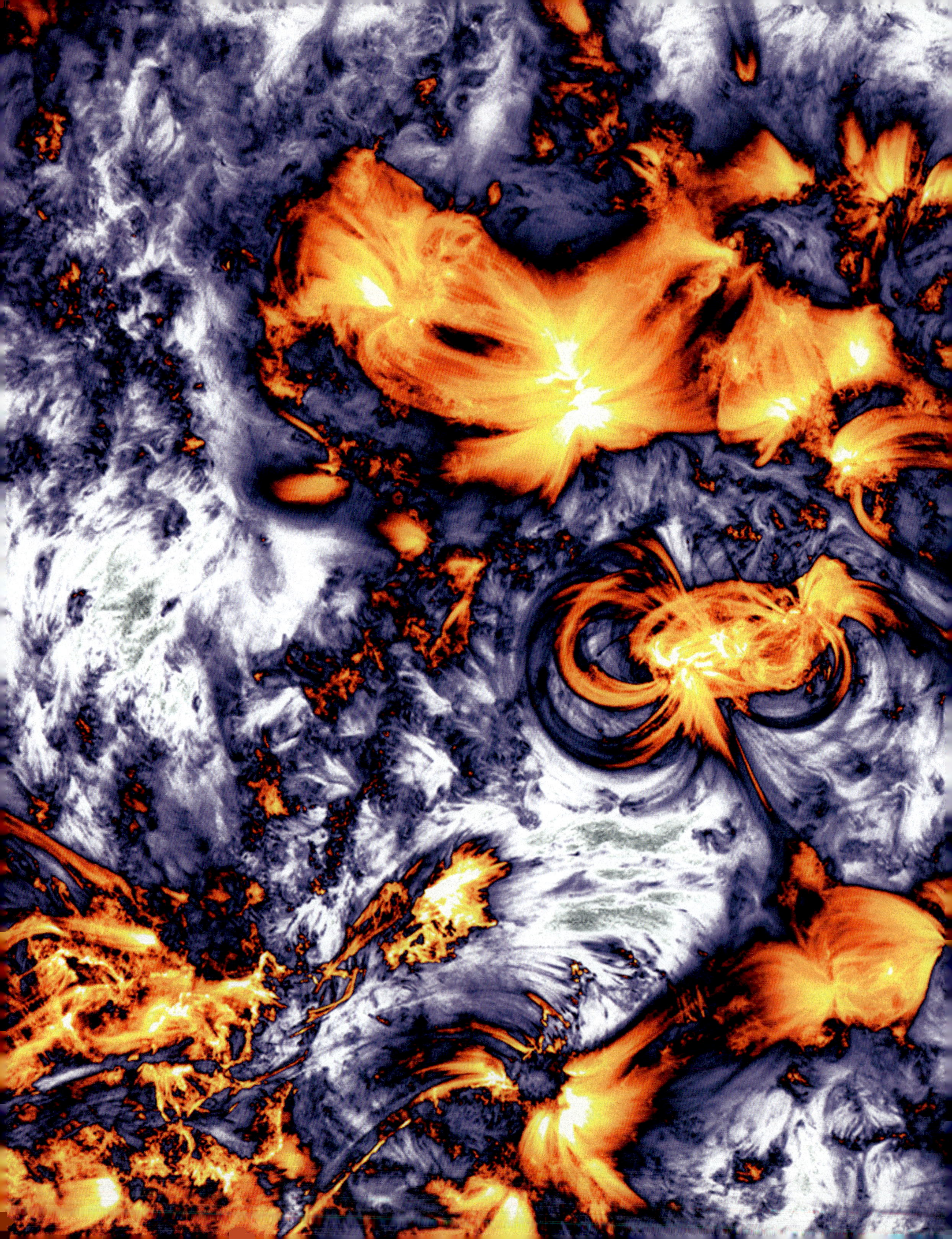

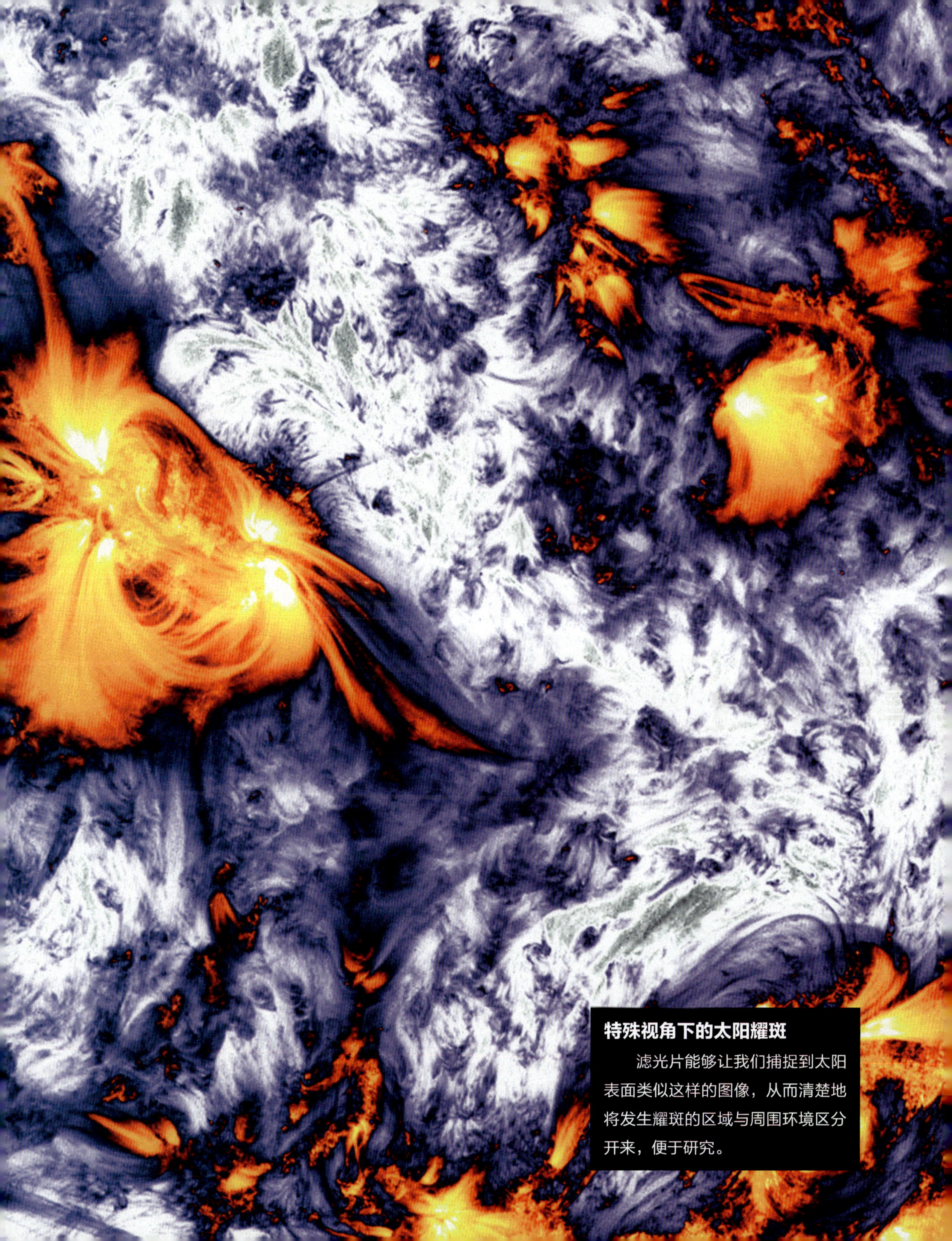

特殊视角下的太阳耀斑

滤光片能够让我们捕捉到太阳表面类似这样的图像，从而清楚地将发生耀斑的区域与周围环境区分开来，便于研究。

日冕加热

科学家还未解开的谜团之一是日冕是如何加热的。日冕位于太阳最外层，具有日冕物质抛射、冕洞、耀斑和亮点等现象。

日冕的温度约为几百万摄氏度，而光球的温度则不足 6 000℃。目前已经观察到在光球和日冕之间存在狭窄的过渡区，其范围从几十到几百千米不等，那里的温度范围为约 5 500℃到数百万摄氏度。到目前为止，尚不清楚造成这种高温的原因是什么，尽管学者们提出了许多理论来解释这种现象，但没有一种理论足以使科学界信服。直至目前，关于这一问题的争论还在进行中。

日冕活动

当太阳活动活跃时，日冕上会发生各种现象：从太阳表面浮起的弧状物质会沿着磁场线再次下降，形成与周围环境的温度差异极大的冕洞以及在 X 射线上发光的斑点区域，即太阳耀斑。

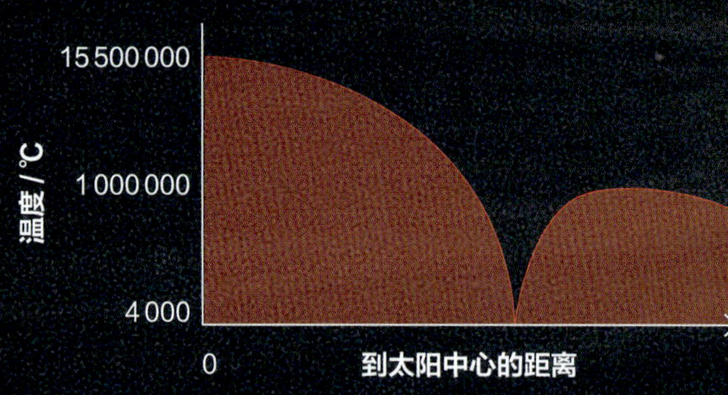

太阳温度

太阳中心温度超过 1 500 万摄氏度，自内向外逐渐降低。但是，在光球上方稍高一点的地方达到最低温度，约 4 000℃，随后又再次升高

日冕活动	持续时间	长度 / 米
耀斑	10 ~ 10 000 秒	1 000 万 ~ 10 000 万
X 射线亮点	几分钟	100 万 ~ 1 000 万
大尺度结构拱	几分钟 ~ 几小时	1 亿左右
弧	几分钟 ~ 几小时	1 亿左右
宁静太阳	几分钟 ~ 几个月	1 亿 ~ 10 亿
冕洞	多变	1 亿 ~ 10 亿

日冕大小

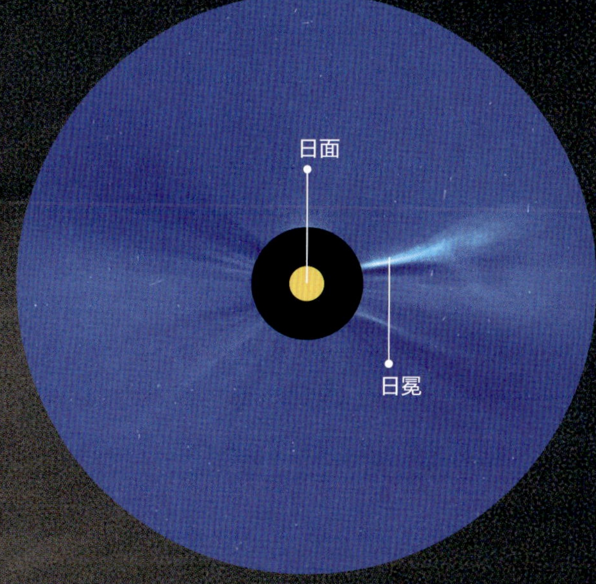

日冕发出的光的强度只有日面发出的光的强度的一百万分之一，并且只有在月亮遮住太阳光或者使用日冕仪时才能被观测到。日冕仪可以充当遮盖日面的挡板，我们可以通过它阻挡太阳极高的亮度，从而观测到日冕。

日食

在日食期间，可以清楚地区分日冕及其他结构，比如说日珥。日冕的气体高度离子化，因此可以发射出非常高的紫外线通量。

太阳风

太阳风非常稀薄，其移动速度为 300～1 000 千米 / 秒。随着时间的推移，太阳已经损失了其万分之一的质量。

组成太阳的物质在日冕中获得足够的速度以脱离太阳引力，形成太阳风。因此，太阳风是太阳成分的指示卡。科学家通过在阿波罗计划期间在月球上进行实验以及 NASA 的起源号探测器的探测结果，获得了供地球实验室检测分析的样品。

太阳风的影响

慢速太阳风为 300 ～ 500 千米 / 秒，而冕洞中产生的快速太阳风可达 700 ～ 1 000 千米 / 秒，若其以日冕物质抛射的方式发出，则能达到更快的速度。粒子的这种流动使部分被其捕获的行星磁层变形并形成辐射带。在没有磁层保护的行星上，例如火星，太阳风会侵蚀大气层并造成其表面大气的大部分丧失。

根据尤利西斯探测器的速度记录

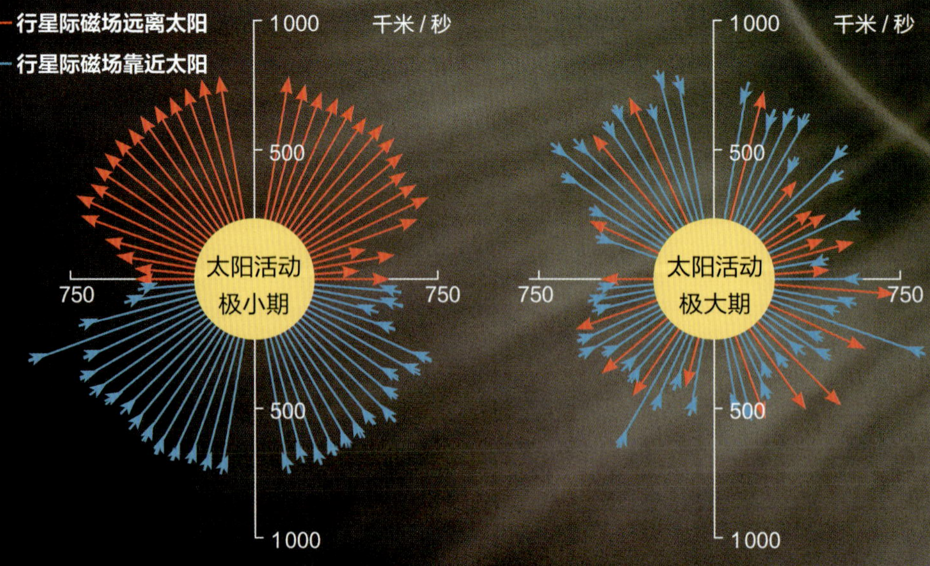

图中直线的长度表示速度。颜色表示行星际磁场的方向：红色背离太阳方向，蓝色朝向太阳方向。在太阳活动极小期，赤道地区风速小，两极地区风速大，行星际磁场有两极性。在太阳活动极大期，磁场的结构要复杂得多，在所有纬度上都有快速太阳风和慢速太阳风。

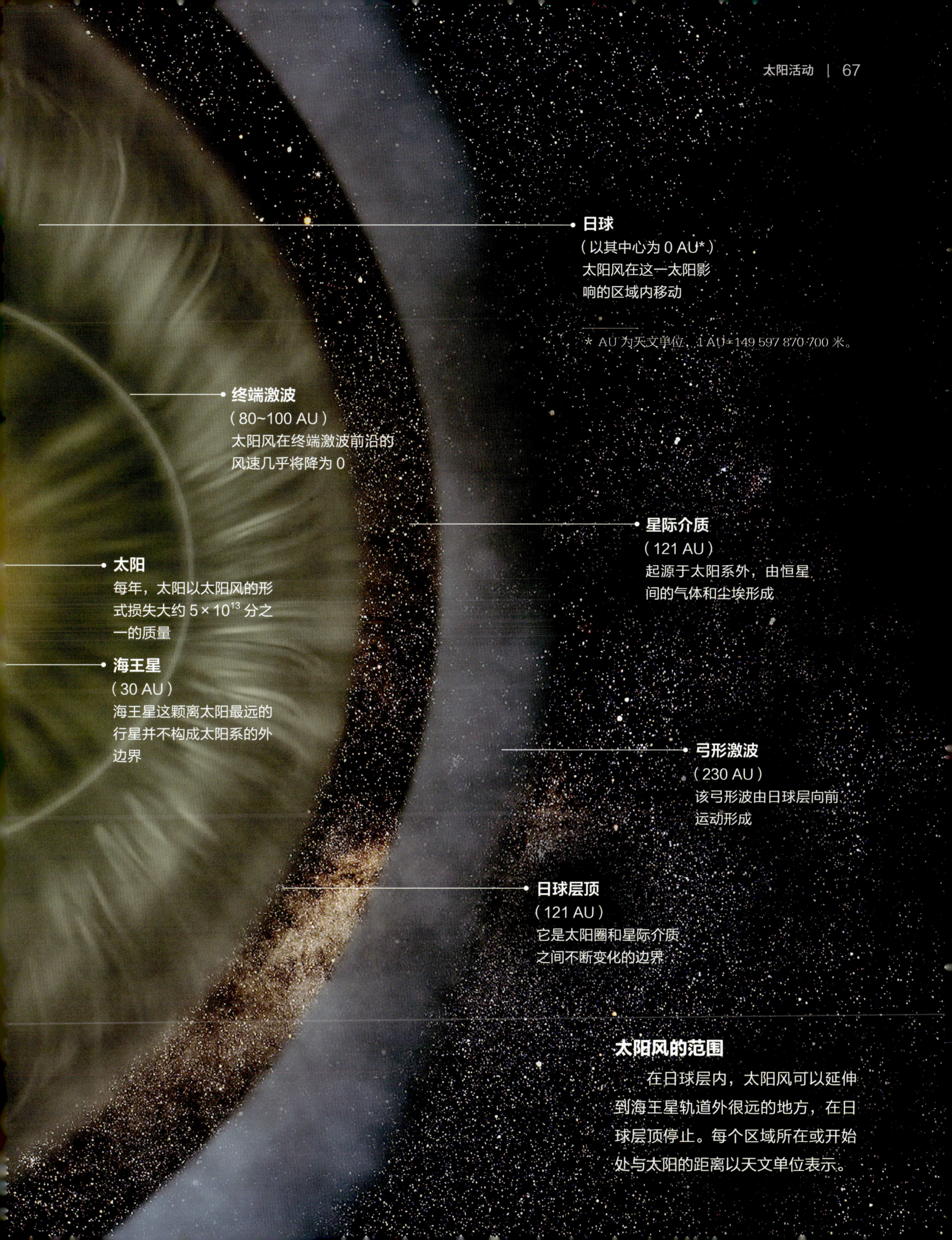

日球
（以其中心为 0 AU*）
太阳风在这一太阳影响的区域内移动

* AU 为天文单位，1 AU=149 597 870 700 米。

终端激波
（80~100 AU）
太阳风在终端激波前沿的风速几乎将降为 0

星际介质
（121 AU）
起源于太阳系外，由恒星间的气体和尘埃形成

太阳
每年，太阳以太阳风的形式损失大约 5×10^{13} 分之一的质量

海王星
（30 AU）
海王星这颗离太阳最远的行星并不构成太阳系的外边界

弓形激波
（230 AU）
该弓形波由日球层向前运动形成

日球层顶
（121 AU）
它是太阳圈和星际介质之间不断变化的边界

太阳风的范围

在日球层内，太阳风可以延伸到海王星轨道外很远的地方，在日球层顶停止。每个区域所在或开始处与太阳的距离以天文单位表示。

太阳与地球

太阳是我们的主要能量来源。没有太阳提供的能量，就没有适宜人类居住的地球。太阳为我们提供合适的气候，并为各种复杂生物的出现和生存提供条件。

左图：位于阿塔卡马沙漠中的塞鲁阿玛逊斯山（Cerro Armazones）正接收着太阳的能量

太阳风暴的危害

严重的太阳风暴会影响地球的磁层，产生地磁暴，并对卫星通信和地面电网造成破坏性影响。

太阳风暴发生在日冕物质抛射和太阳风速度高的时候。它们的强度有时足以改变地球的磁层结构，并引发“地磁暴”。地磁暴会增加地球电离层中的电流，并可能产生极光，有时它也会损害宇航员的健康并引起技术事故，例如破坏卫星电子设备、影响导航系统并导致配电网停电。

保护措施

为了防止此类停电事故损害交通、银行、通信乃至医疗系统，唯一的解决方案是在太空中建立一个不断监控太阳的警报系统，以便采取必要的预防措施。在收到警报时，我们可以暂时重新定向或关闭卫星，并且可以暂时断开地球表面的电网。

宇航员会面临的风险

在地球大气层之外，国际空间站上的宇航员暴露在太阳风暴中的风险更大，尤其是当他们走出国际空间站时。当他们在轨道上工作时，身体会受到辐射累积的影响，这会增加患癌的风险。当发生太阳风暴时，宇航员应该躲在飞船装甲最厚的区域。

挪威上空的极光
从地球表面看，这里的极光看起来像移动的半透明窗帘

太空中的极光
从国际空间站可以清楚地观测到极光，甚至有人感觉到它们具有椭圆形的结构

阿拉斯加的极光
从美国艾尔森空军基地获得的这张图像中可以看到极光的复杂景象

极光

极地极光构成自然界中最壮观、最美丽的现象之一。它们是由太阳风与地球高层大气的相互作用引起的。

太阳的带电粒子通过地球磁层的磁极渗透到高层大气中，并在极地附近的区域产生极美的发光现象。仅在特殊情况下，如发生剧烈的日冕物质抛射时，在南北半球纬度高于 50° 地区才能看到极光。

极光的形成

当太阳粒子与大气分子（主要是氮和氧）发生碰撞时，某些电子的能量级增加，它们会被激发。随着激发的停止，它们发出具有特征波长（颜色）的光子。尽管极光移动缓慢，但其起伏波动像由太阳延伸的微妙的光幕一样。这种现象在太阳系的其他一些行星和卫星中也会出现。

木星上的极光

太阳系中最大的行星——木星，会发出自己的极光。在它周围，一些伽利略卫星也经常产生极光

土星中的极光

一般来说，像土星这样拥有丰富大气层的行星，其两极周围都有这样的极光

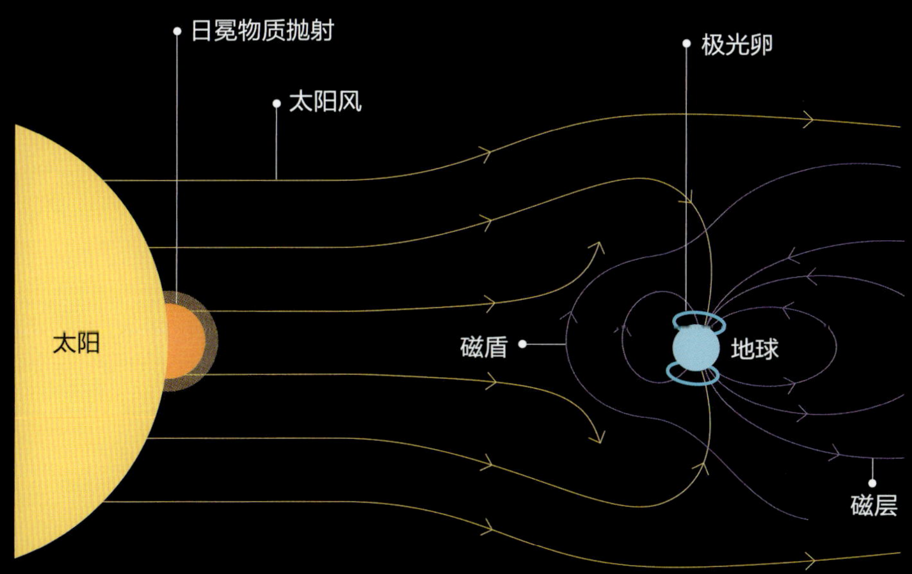

带电粒子的入境通道

这张图显示了来自太阳风的粒子如何穿过磁层并形成极光。

太阳常数

地球上的气候在很大程度上取决于我们的星球从太阳获取了多少能量。对太阳常数的计算有助于我们测算这种影响。

太阳常数指在地球大气外，距离太阳1天文单位处，垂直于太阳光的单位面积在单位时间所接收的全部太阳辐射能量值。

因为地球绕太阳运行的轨道是一个椭圆，而不是一个圆，因此地球与太阳之间的距离会发生变化，其能接收的太阳辐射量也会随地球轨道位置的变化而变化。但是，地球上的四季并不是由这些变化决定的，例如，在北半球是冬季时，地球却最靠近太阳。地球有四季，是因为我们行星的自转轴相对于地球绕太阳的公转轨道面是倾斜的。

原太阳

太阳在幼年时期的光度仅是现在的70%，因此那时的太阳常数也相对较低。奇怪的是，那时地球表面的温度并不是很低，水仍然以液体的形式存在。这种现象被称为“年轻太阳悖论”。

大气和外大气层厚：
约8000千米

地球直径
1.274 2万千米

当前太阳常数：
1366瓦/米^2

太阳常数的测定

该值是在大气层外通过测量垂直于太阳方向的确定区域上的太阳辐射流量而获得的。

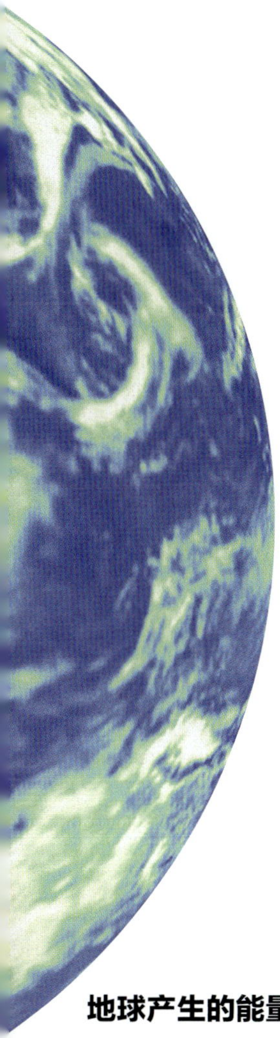

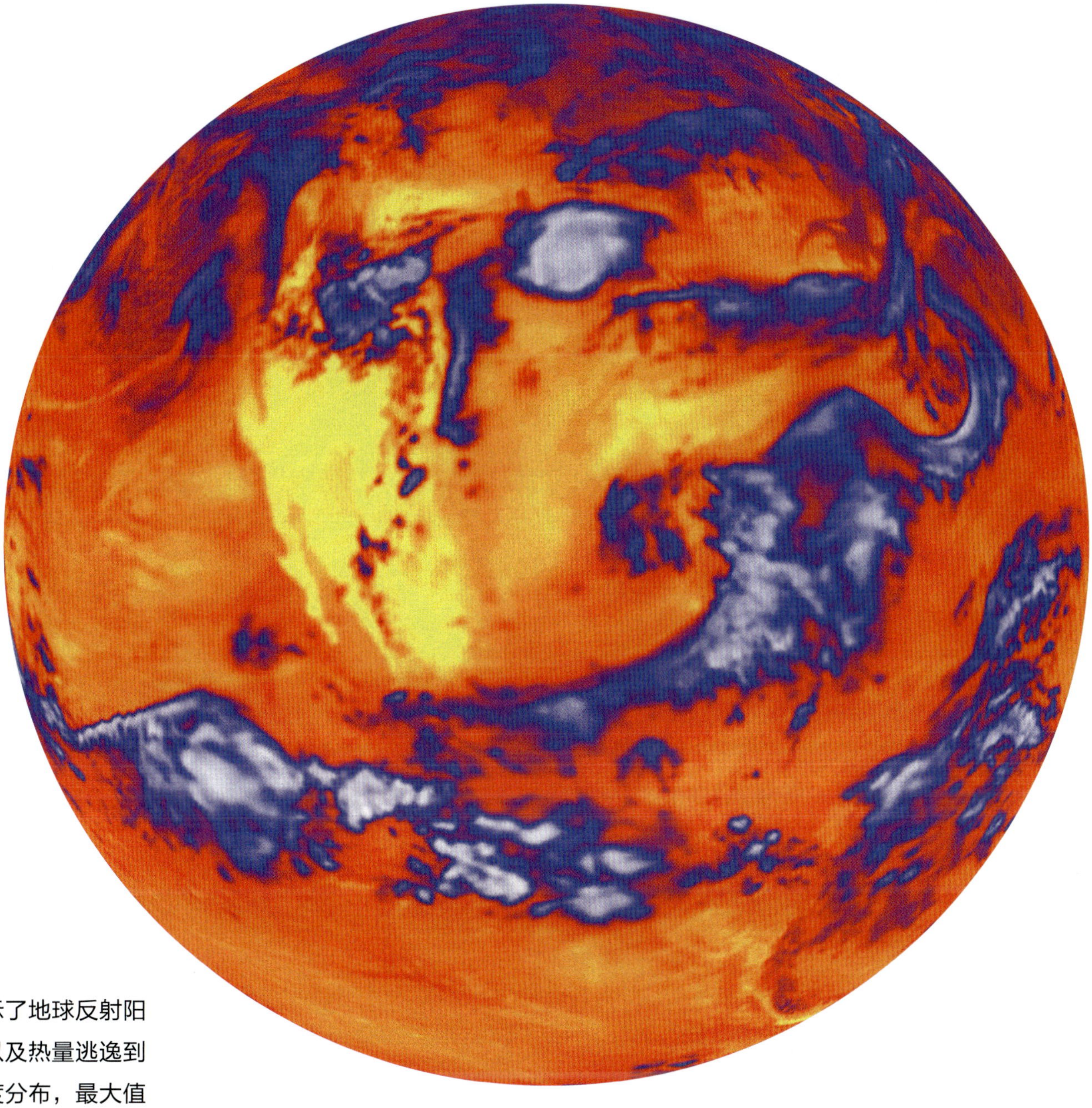

地球产生的能量

这两幅图显示了地球反射阳光的量值（左）以及热量逃逸到太空中的空间强度分布，最大值用黄色标注（右）。

太阳能

太阳光的一部分被云层或地球表面反射到太空中，另一部分则被大气层和地面吸收，这造成地球表面温度升高，并发出红外辐射。这一过程即所谓的“温室效应”。

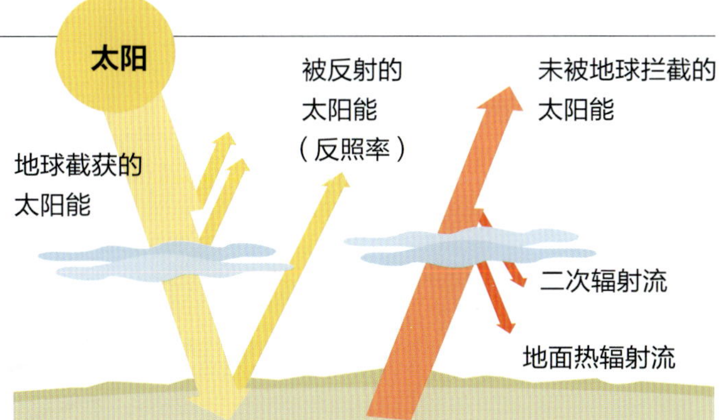

地球上的气候

太阳在地球的气候形成中起着决定性的作用。人类产生的二氧化碳的排放量增加会进一步对地球的气候造成影响，并导致地球的温度持续上升。

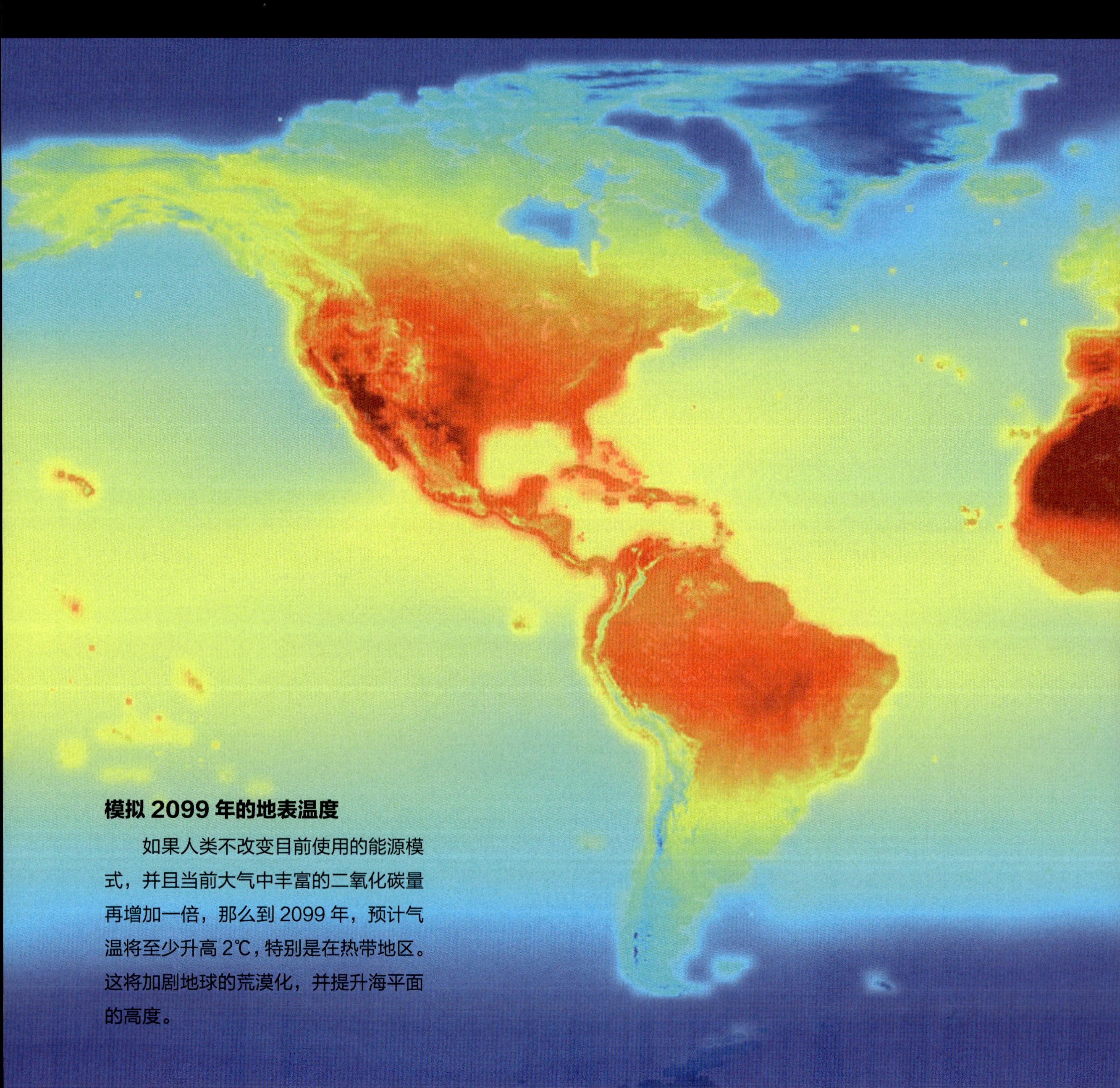

模拟 2099 年的地表温度

如果人类不改变目前使用的能源模式，并且当前大气中丰富的二氧化碳量再增加一倍，那么到 2099 年，预计气温将至少升高 2℃，特别是在热带地区。这将加剧地球的荒漠化，并提升海平面的高度。

温度与二氧化碳之间的一致性

地球上温度的升高并未反映在太阳活动的水平上，而是与冰芯（从冰块内部提取的完整的古代冰的样本）中捕获的二氧化碳以及从大气中直接测量到的二氧化碳量紧密相关。

全球气温
二氧化碳（ppm：百万分之一）
二氧化碳核心（ppm）
太阳
温度异常 / ℃
0.8
0.6
0.4
0.2
0
−0.2
二氧化碳浓度 /ppm
420
395
370
345
320
295
1955 年
1975 年
1995 年
2015 年

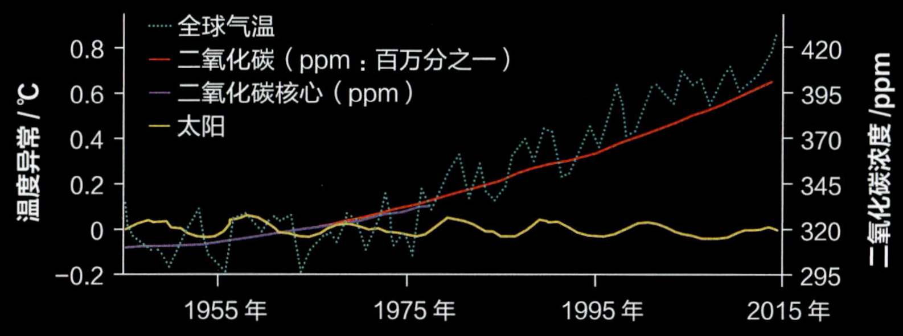

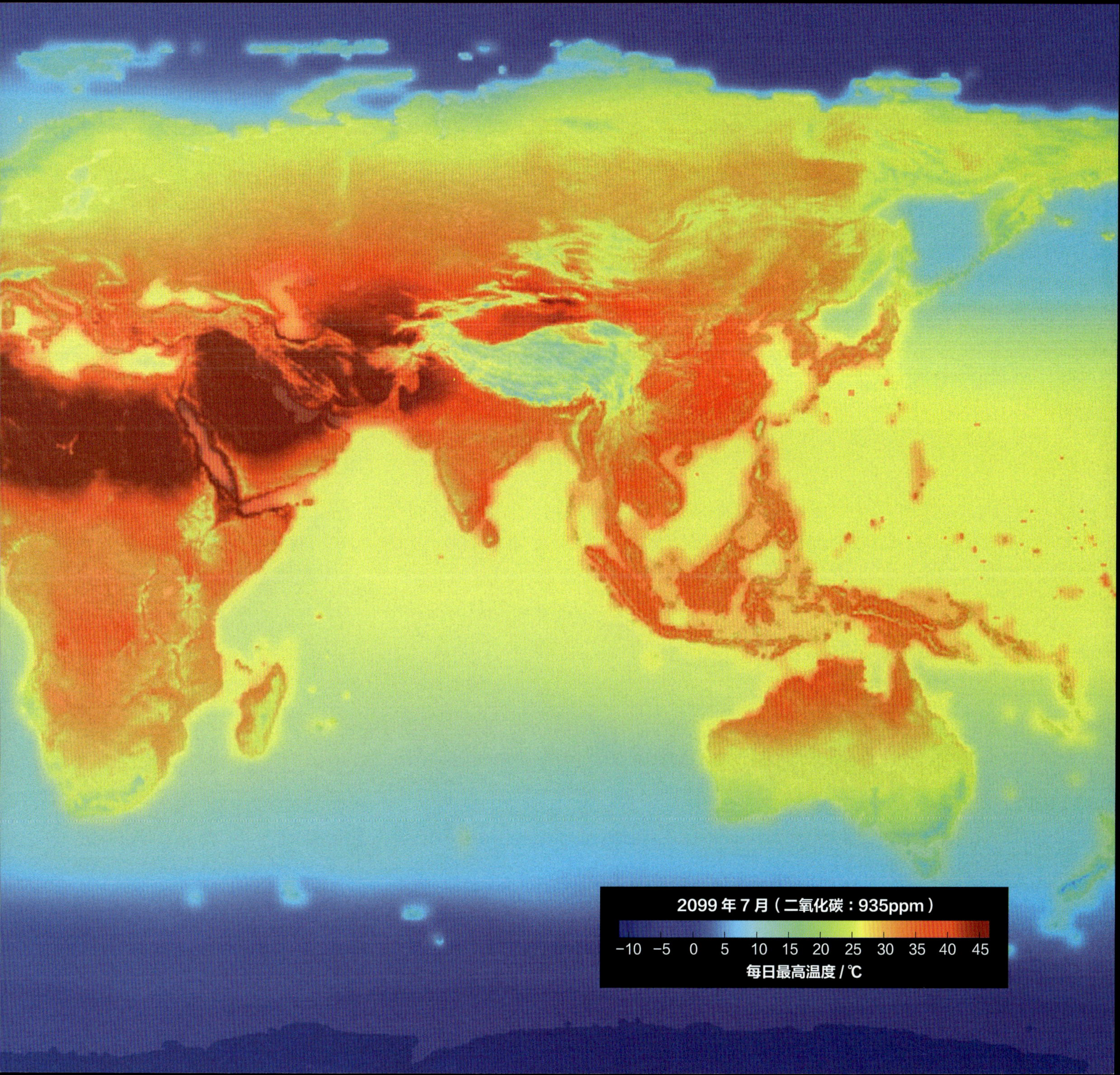

2099 年 7 月（二氧化碳：935ppm）
−10 −5 0 5 10 15 20 25 30 35 40 45
每日最高温度 / ℃

太阳观测

几个世纪以来，我们尝试了用各种方式观测太阳，但是，只有在最近的几十年中，我们才开始全面地观察它，即便是人眼看不见的地方。现在，太阳观测的范围包括无线电波到最高能的伽马射线。

左图：在各种波长下观察到的太阳（部分）

日食

在偶然情况下，从地球表面看到的月亮和太阳的可视大小几乎是相同的。这就产生了自然界最令人印象深刻的景象之一——日食。

从观察者的视觉角度，当月球在天空中移动并遮盖部分或全部日面时，就会发生日食。预测日食需要进行复杂的数学计算。但是，来自美索不达米亚地区的古代迦勒底天文学家通过分析日食的历史发生时间，发现了它具有明显的周期性，即所谓的“沙罗周期”，周期总长为 18 年 11 天。在此之后，月球和太阳再次在大约相同的位置相遇，即有可能带来新的日食。

日全食和日偏食

最壮观的日食是日全食。然而不幸的是，它只能在非常有限的地区被看到。不过由于每次能看到日全食的地区都是不相同的，所以地球上的任何区域在未来都有机会看到日全食。尽管日偏食不如日全食那么惊艳，但它更容易看到，因为月球影子的半影散布在地球表面的区域更广阔。

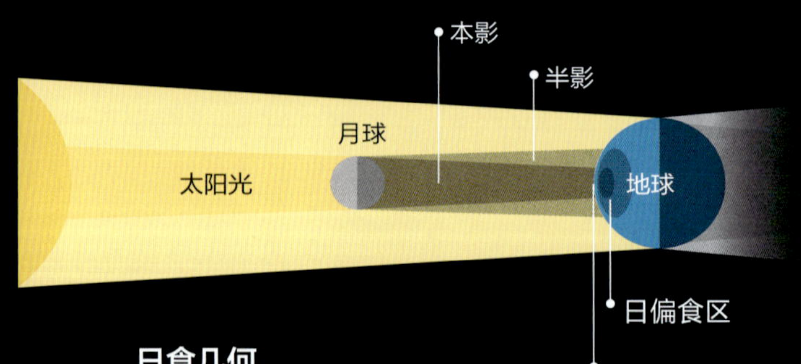

日食几何

月亮的影子分为太阳光无法通过的本影和部分有光的半影。我们可以通过本影确定在哪里可以看到日全食或日环食（如果本影的顶点不接触地球表面）

日食类型

日食有三种类型：日偏食、日全食和日环食。当月球仅遮住日面的一部分时，就会发生日偏食。当月球完全覆盖住日面时，就会发生日全食。当月亮接近远地点且看起来比太阳略小时，便会出现日环食，在这种情况下，月球遮住了大部分的太阳，但是在四周可以看到一个狭窄的太阳圆环。

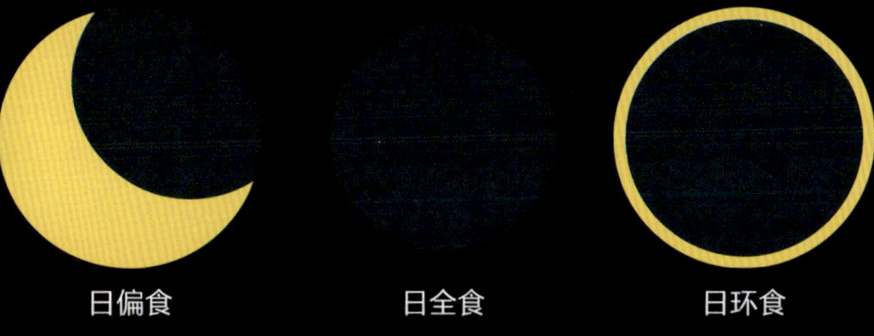

历史上的一次日环食

2012 年 5 月 20 日发生了一次日环食。在这组照片中，可以看到月亮遮盖太阳的面积越来越大，直到只能看见一个环形。

日食临近土星

卡西尼号探测器捕获了这张日食发生时隐藏在太阳下的土星影像，在该距离（约 15 亿千米）处，太阳的表观直径比实际小得多。这张照片展示的土星微弱的外环的样子，是由构成外环的粒子所散射的光。

望远镜中的太阳

天文望远镜通常在夜间使用，用于观察恒星、星系和星云。只有少数人掌握从光谱的各个区域观察太阳的技能。

不同于夜视天文望远镜，太阳望远镜可以从观测到的恒星中接收大量的光，而夜视望远镜通常需要面临捕获极低亮度天体的挑战。此外，太阳望远镜的尺寸对于获得尽可能高的分辨率至关重要。从地球表面可以观测到部分红外线和无线电波的不同波段，但不能观测到被地球大气层阻挡的光谱的波段，例如，要观察紫外线或 X 射线，必须使用位于太空中的仪器，也可以使用计算机技术来模拟太阳的运行。

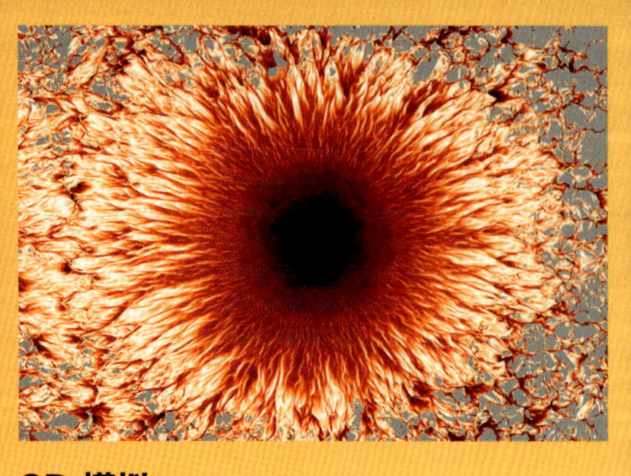

3D 模拟

科学家利用大型计算机对太阳黑子发生时的太阳的运行进行模拟，以验证其假设是否正确。

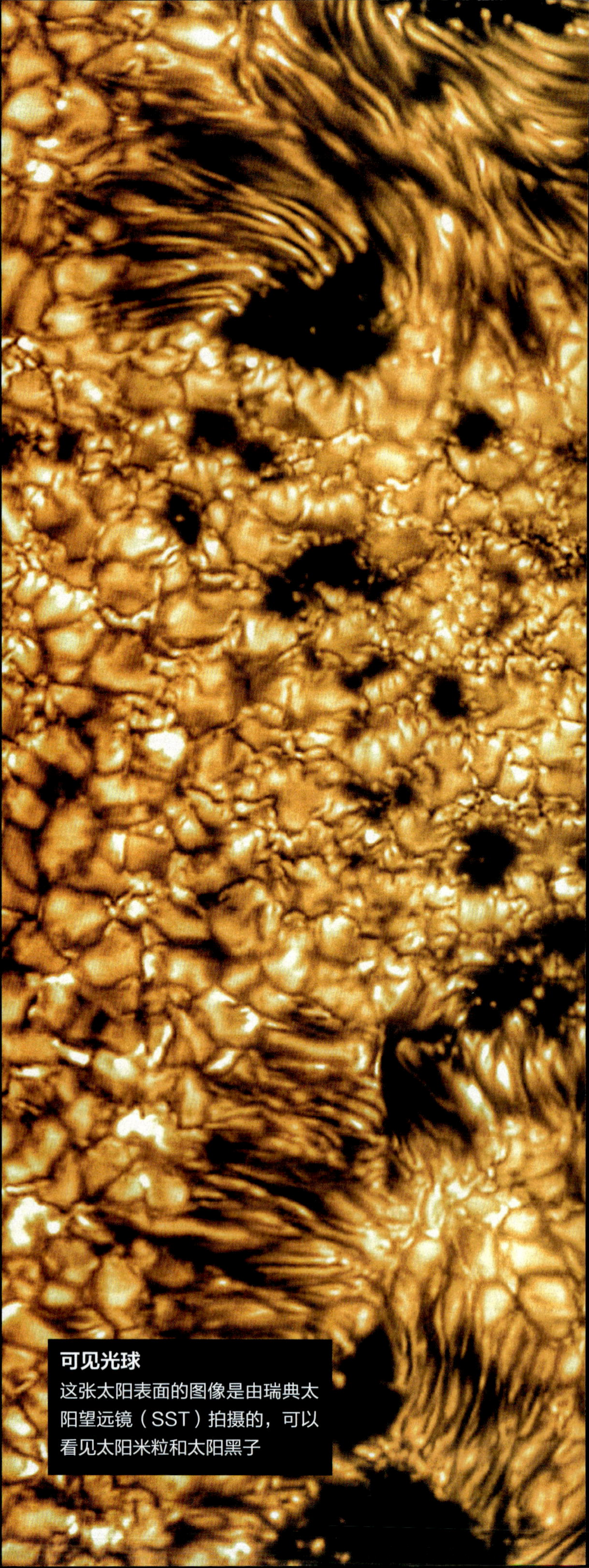

可见光球

这张太阳表面的图像是由瑞典太阳望远镜（SST）拍摄的，可以看见太阳米粒和太阳黑子

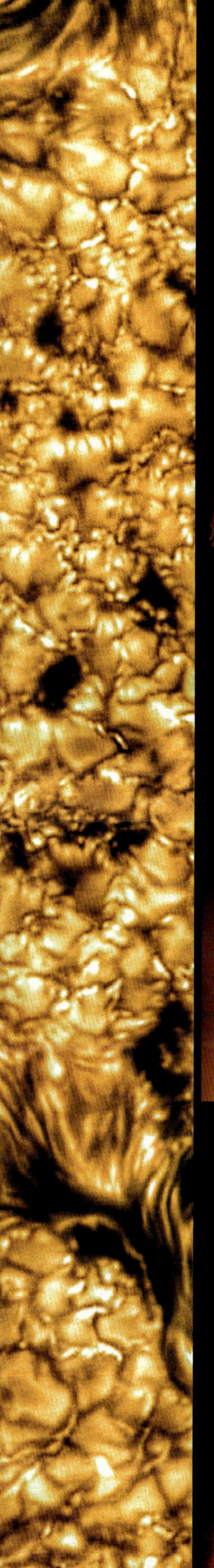

全球尺度
图为从萨克拉门托峰天文台在氢的 Hα 光谱发射线中看到的太阳表面

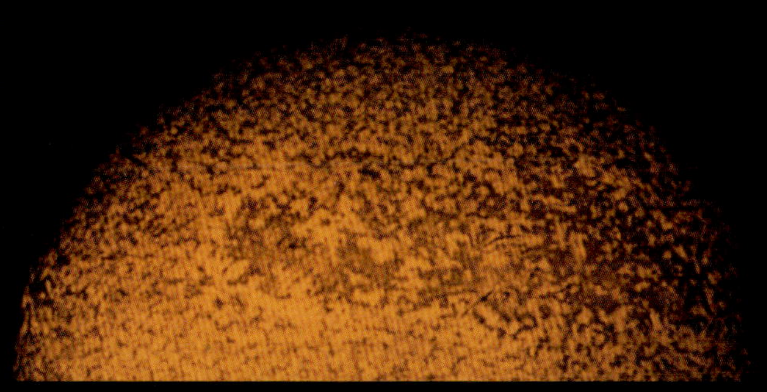

无线电发射
由甚大天线阵（VLA）获得的太阳发出的无线电波图像

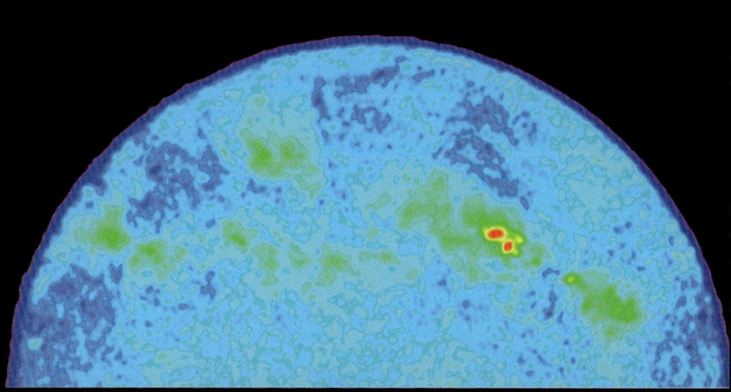

X 射线凌波
图为核光谱望远镜阵列（NuSTAR）获得的太阳 X 射线发射图像。这种类型的发射图像必须从太空中捕获

遥感观测
如这张日地关系天文台 B 卫星（STEREO-B）拍摄的照片所示，紫外线适合用于对日冕物质抛射的观测

日冕活动
极紫外线提供了有关日冕的基本信息，这是通过日地关系天文台 A 卫星（STEREO-A）观测到的

太阳探测任务

自 1960 年以来，人类向太阳连续发射探测器，这些探测器都有一个伟大的目标：从地球和太阳轨道研究太阳和太阳风。

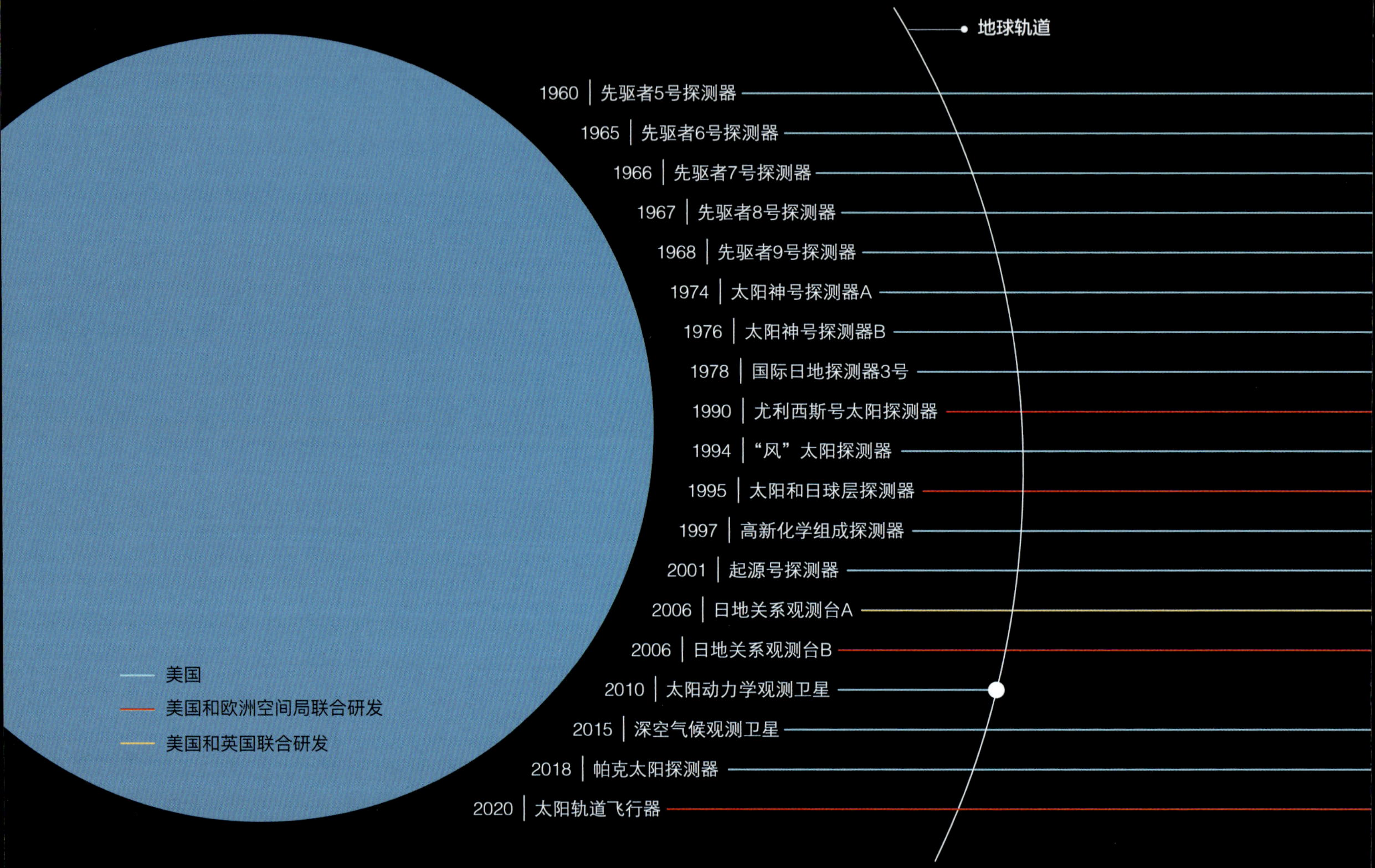

地球轨道

1960 | 先驱者5号探测器
1965 | 先驱者6号探测器
1966 | 先驱者7号探测器
1967 | 先驱者8号探测器
1968 | 先驱者9号探测器
1974 | 太阳神号探测器A
1976 | 太阳神号探测器B
1978 | 国际日地探测器3号
1990 | 尤利西斯号太阳探测器
1994 | “风”太阳探测器
1995 | 太阳和日球层探测器
1997 | 高新化学组成探测器
2001 | 起源号探测器
2006 | 日地关系观测台A
2006 | 日地关系观测台B
2010 | 太阳动力学观测卫星
2015 | 深空气候观测卫星
2018 | 帕克太阳探测器
2020 | 太阳轨道飞行器

美国
美国和欧洲空间局联合研发
美国和英国联合研发

太阳探测任务

由于摆脱了大气层的干扰，诸如“风”太阳探测器和起源号探测器这样的太空观测站可以将采样技术应用于太阳风，并像太阳动力学天文台（SDO）一样用紫外线或X射线对太阳风进行实地测量。

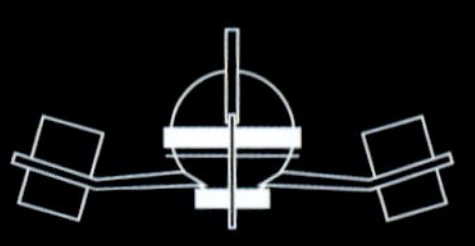
先锋5号探测器

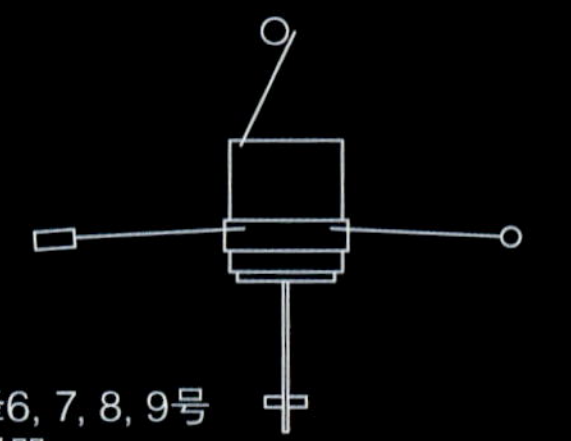
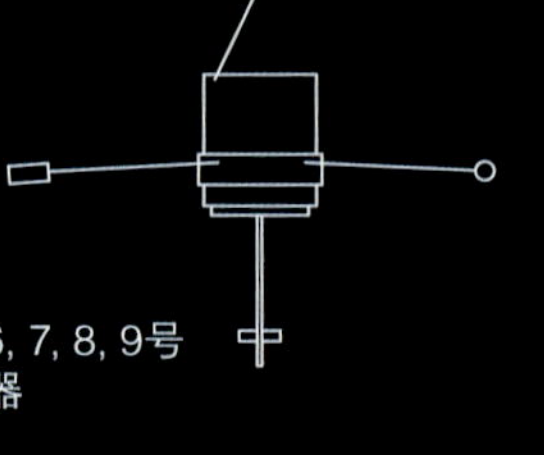
先锋6，7，8，9号探测器

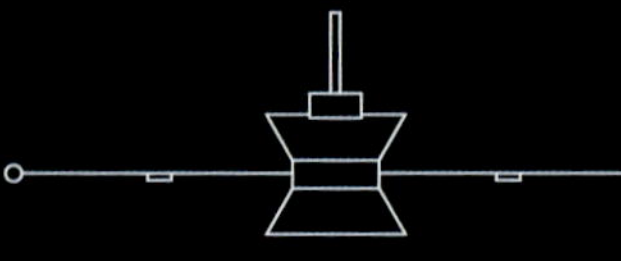
太阳神号探测器 A，B

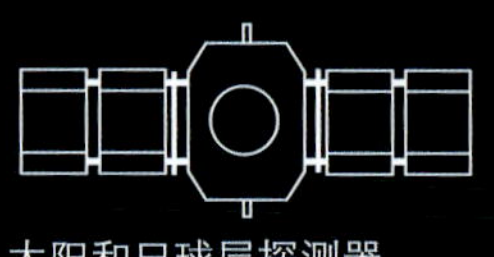
太阳和日球层探测器

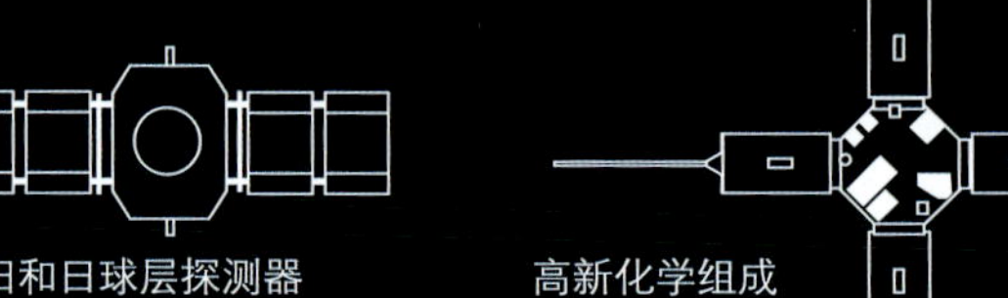
高新化学组成探测器

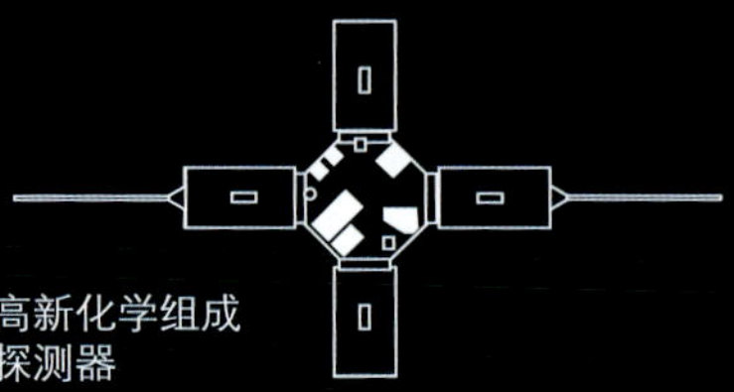

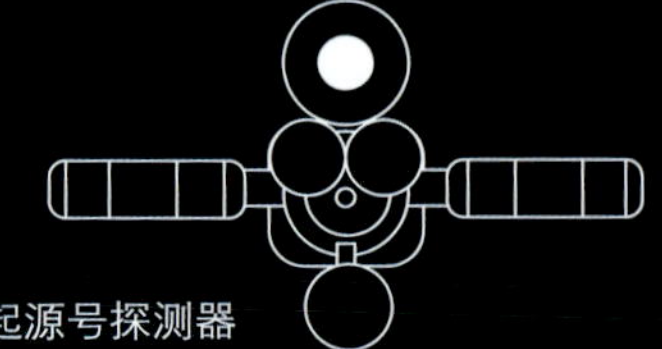
起源号探测器

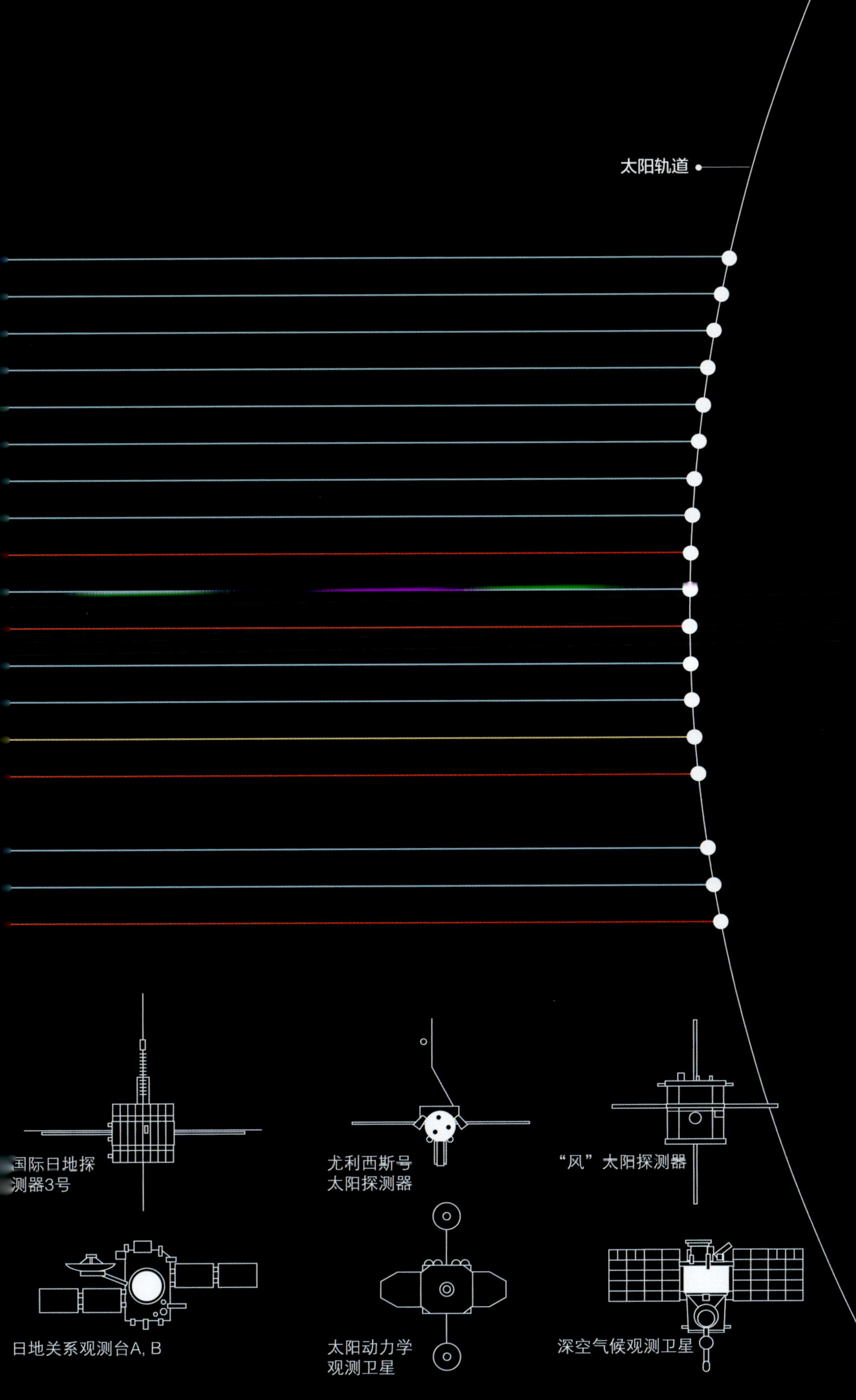
太阳轨道
国际日地探测器3号
尤利西斯号太阳探测器
“风”太阳探测器
日地关系观测台A, B
太阳动力学观测卫星
深空气候观测卫星

术语解释

3α 过程 将 3 个氦核转变成 1 个碳核的一系列反应的过程。这个过程需要高温和大量的氦元素，这就是为什么它仅在较年老的恒星中发生，因为这些恒星几乎将所有氢都转化为了氦。

A

埃 长度单位，主要用于表示波长以及分子和原子的距离。它由瑞典字母 Å 表示，相当于十分之一纳米（1×10^{-10} 米）。1 毫米等于 1 000 万埃。

暗条 通常也被称为太阳隆起，是一种大型的、明亮的气态结构，通常以环形形态从太阳表面延伸到日冕。可长达数十万千米。

B

白矮星 是一种低光度、高密度、高温度的恒星。因为它的颜色呈白色，体积比较矮小，因此被命名为白矮星。白矮星是演化到末期的恒星，主要由碳构成，外部覆盖一层氢气与氦气。

C

差旋层 太阳辐射区和对流区之间的过渡区域，离太阳中心约三分之二半径的距离，以其快速变化的旋转速度而闻名。

超新星爆发 大质量恒星演化结束时发生的天文现象。尽管可能有不同的机制导致这种现象的出现，但总的来说，这是一种能量极高的现象，可以摧毁恒星的全部或大部分物质。超新星爆炸之后，可能留下一个由中子组成的致密核（中子星），或者，如果核区质量足够大，也可以演变成一个黑洞。

磁层 环绕天体的空间区域，在该区域中带电粒子受该天体的磁场支配。磁层对像地球这样的行星而言意义重大，因为它具有阻挡宇宙射线和太阳风的影响的能力。磁层是维持生命的重要条件。

D

带电粒子 带电荷的粒子。它可以是离子（由于失去或得到一个或多个电子而带正电或负电的原子或分子），也可以是电子和质子本身以及其他基本粒子。

等离子体 目前已知的物质存在的四种状态之一。在等离子体里，组成它的所有原子都被电离。宇宙中的大多数物质都是以等离子体形式存在的。它可以存在于诸如太阳之类的恒星内部、星际空间、星云和其他天体结构中。大爆炸理论还表明，在很短的时间内，整个宇宙都是等离子体。

地磁暴 太阳风或与我们地球相互作用的磁场对地球磁层造成的暂时干扰。有时它会对地球产生明显的影响，例如在南北两极产生肉眼可见的极光现象。

电磁波谱 电磁辐射的整个频率范围。从波长最短（小于原子大小）的伽马辐射到波长最长（大约 10 万千米）的频率极低的射电波段。可见光谱，即人眼可感知的光谱，波段范围在 390~ 770 纳米。

电离层 被太阳辐射电离化的地球上层大气。电离层处于距地面大约 60 ~ 1 000 千米的位置。它也是磁层的一部分。

对流 热量传输的形式之一。在天文学中，对流是恒星内部能量传输的一种方式，对流活动将热等离子体抬高到恒星外部并逐渐冷却，再将冷等离子体传递到内部。可以用牛顿冷却定律表示：$dQ/dt = hA_s\,(T_s\text{-}T_{inf})$。其中 h 是对流系数，A_s 是接触面积；T_s 是其表面的温度，T_{inf} 是最终冷却的温度。

对流区 在恒星中主要通过对流传输能量的区域。它由恒星内部不断运动的等离子体组成，其运动是循环对流，即热等离子体上升，冷等离子体下降。

F

分子云 是星际云的一种，它的密度和温度允许氢分子（H_2）形成。分子云内部是气体和尘埃更为密集的区域，当引力足够大时，可触发恒星的生成。

辐射区 能量主要以电磁辐射的形式传播的恒星区域，例如光子，并主要通过辐射扩散传播。

G

伽马射线 电磁波谱中具有最高能量辐射的部分。这种辐射能够使其他原子电离，从而触发生物体的突变。宇宙射线与地球大气的碰撞是伽马射线的自然来源。

光年 光行进一年的距离，约 9.46 万亿千米。它是天文学中距离的标准度量之一，用于指示比我们在太阳系中发现的距离更大的距离。它与秒差距（约 3.26 光年）一样，是最常用的度量单位之一。

光谱型 在天文学中，光谱型使恒星可以根据其电磁光谱的特征进行分类，这些特征指示了它们的温度和某些元素的丰度。我们使用字母 O、B、A、F、G、K 和 M 降序排列对其进行分类。

O 型恒星是温度最高的恒星，而 M 型恒星是温度最低的恒星。

光球 太阳的最外层，光线从这里发出。可以理解为是对光子透明的发光物体的最深区域，或者理解为太阳表面。太阳光球的温度约为 5 500℃。

光子 从伽马射线到射电波等各种形式电磁辐射中的基本粒子。光子没有质量，在真空中以近 30 万千米 / 秒的速度传播。在宇宙中，任何有质量的物体都不能达到光子的传播速度。

轨道 受另一天体引力影响而形成的曲线轨迹。在大多数情况下，行星和人造卫星围绕它们所绕物体的质心沿椭圆形轨道运行。

轨道周期 一个物体绕其轨道运行一周所花费的时间。它适用于绕太阳公转的行星、小行星、行星周围的卫星、绕其他恒星公转的行星以及处于多星系统（由多个恒星组成）的恒星本身。

H

核聚变 几个原子核结合形成一个新原子核的过程。这是一个既可以释放能量又可以吸收能量的过程，是恒星产生能量的基础。最简单的核聚变发生在恒星演化的大部分过程中，即氢聚变生成氦。

黑矮星 理论上是恒星的残骸。当一颗类似于太阳的古老恒星在其生命的最后阶段已将其大部分能量发射到太空中后，它便会停止发光并变成一颗黑矮星。但是，它的存在尚未得到证实，因为黑矮星冷却所需的时间甚至大于宇宙当前的年龄。

恒星 由等离子球体与其自身引力结合而成的天体。离地球最近的恒星是太阳。据估计银河系可能有 2 000 亿 ~ 6 000 亿颗恒星，它们在一生中的大部分时间里，通过氢聚变为氦的反应过程而发光。

红巨星 是恒星演化的最后阶段，体积巨大而质量较小。当恒星核心的氢被耗尽后，其外周会继续进行核聚变。在此期间，恒星的半径可以达到太阳的 200 倍。

红外线 电磁辐射的一种类型，其波长大于可见光，肉眼无法看到。这种电磁辐射是威廉 · 赫歇尔（William Herschel）在 1800 年发现的。从太阳到达地球的能量中，有接近一半是以红外辐射形式存在的。

J

极光 在行星或卫星的极地地区可见的自然光。磁层与太阳风相互作用，使得主要由电子和质子组成的带电粒子坠入大气层的上层，从而产生极光。尽管最广为人知且被研究得最多的是地球上的极光，但在太阳系的其他地方也可以观察到这种现象。

极紫外线 电磁光谱中波长为 10 ~ 124 纳米的电磁辐射。这种辐射是在日冕中产生的。

金属丰度 用来描述恒星中比氦重的化学元素的术语。在天体物理学中，所有这些元素都被称为金属。它由字母 Z 表示，表示恒星或其他天文物体的质量分数，它既不是氢也不是氦这两个宇宙中最丰富的元素。

K

可见光谱 肉眼可见的一部分电磁波谱。它对应的波长在 390 ~ 770 纳米，该范围内的电磁波也被称为可见光。

M

米粒 太阳等离子体对流产生的太阳表面的小结构。这些小结构的顶部使太阳的光球具有颗粒状的外观。

冕洞 日冕中温度较低的区域。由于冕洞中所含的气体及能量较少，其等离子体的密度也比其他区域要低。此外，日冕具有不均匀性，冕洞也随之不断变化。

N

纳米 十亿分之一米，即 0.000 000 001 米，可以用科学记数法将其写为 1×10^{-9} 米。它通常用于表示原子的尺寸。例如，氦原子的直径为 0.1 纳米。

内太阳系 太阳系内从岩质行星到小行星带的区域。它的半径比木星到土星轨道的距离还要小。内太阳系内的近地小行星在穿过地球轨道时可能会对地球造成威胁。

Q

氢 α 谱线 也被称为 Hα，它是氢光谱的发射线之一，在电磁光谱的红色部分可见。因还可参与对太阳色球及日珥部分的研究，所以它在天文学中占有重要地位。

球状星团 球形的恒星群，像卫星一样绕银河系的中心旋转。它通常由成千上万颗老恒星组成，由强烈的引力聚在一起。在银河系中已观察到的球状星团约有 150 个。

R

日冕 环绕太阳的等离子体区域。它绵延数百万千米，以其超过100万摄氏度的高温而闻名。其温度远高于太阳表面的温度。

日冕物质抛射 在太阳风的作用下，大量等离子体从太阳的日冕中喷射出来进入太空。它通常在太阳耀斑出现后发生，且频率与太阳活动周本身紧密相关。当太阳处于活动高峰期时，每天可以发生约三次日冕物质抛射，而在太阳活动极小期时，则每五天发生一次。

日球 一个由太阳控制并延伸到冥王星轨道之外的气泡状空间区域。太阳风为它提供动力，使其能够抵抗星际介质施加的压力而保持活动状态。日球主要由太阳大气中的离子组成。

日震学 通过观察日震波（称为p波的声波和称为f波的重力波）的传播来研究太阳的内部结构和运动的一门学科。它是按照类似于地震学的方法开发的，也可应用于地球研究。

S

色球 太阳大气层的第二层，位于光球和过渡区之间。尽管可以使用电磁波谱对其进行研究，但相对其他层来说，色球比较薄，对它的探究存在一定的难度。

食 一个天体被另一个天体暂时遮挡的天文现象。当一个天体进入另一个天体的影子时（如月食），或当某一天体运行到观察者与他所观察的物体之间时（如日食）就会出现这种现象。

T

太阳 位于太阳系的中心，是近乎完美的等离子球体和地球生命的最重要能源。它的直径为140万千米，质量是地球质量的33.2万倍。太阳占太阳系总质量的99.86%。太阳是一颗黄矮星，形成于约46亿年前，目前处于主序阶段。在此阶段中，它会将形成过程中积累的氢进行聚变，并再持续45亿～50亿年。

太阳爆发 指特别强烈的太阳耀斑和日冕物质抛射。这些现象可能持续几分钟到几小时，然而它们对地球的影响可以持续数天甚至数周。

太阳常数 在地球大气外，距离太阳1天文单位处，垂直于太阳光的单位面积在单位时间所接收的全部太阳辐射能量值。太阳常数不是恒定的，对它的测量不仅包括可见光谱，还包括所有接收到的光。因此，测量的太阳常数实际上是随时间变化的平均值（仅为0.1%）。

太阳大气 太阳最外层区域，它围绕着太阳内部，由四个不同的部分组成：光球、色球、过渡区和日冕。在日全食期间，人们在地球上可以用肉眼看到它。

太阳风 从太阳大气的最高层喷出的带电粒子流，主要是电子和质子，由于与构成行星的磁层相互作用而在太阳系中产生多种效应。

太阳核心 太阳最热的区域，也是太阳系最热的区域。太阳的核心温度约为1550万摄氏度，是核聚变反应的主要发生区域。

太阳黑子 是一种瞬时发生的、太阳光球中的暗黑斑点。因为它的颜色比周围的区域暗，因此很容易识别。它随着太阳磁场的局部增强而出现，对对流（物质的循环）有抑制作用。太阳黑子可以持续存在几天到几个月，并可以产生太阳耀斑。

太阳探测器 旨在研究太阳的航天器，许多出于此目的发射的航天器都已被放置在日心轨道上。太阳轨道飞行器已于2020年2月对太阳进行探测。

太阳望远镜 专为研究太阳而设计的望远镜，通常用于检测可见光谱周围的电磁光谱。白天操作时，观看条件比晚上更复杂，因为望远镜会由于其周围表面的温度较高而使观测变得模糊。

太阳型恒星 特性与太阳非常相似的恒星。相对于其他恒星来说，对此类恒星的研究有利于更好地了解太阳的特性以及其周边行星的可居住性。

太阳耀斑 通常是发生在太阳大气局部的一种剧烈的爆发现象，使得该区域的亮度突然增加。在一次爆发中，太阳最多可以释放10^{20}焦耳的能量。耀斑可以将电子、离子和原子抛到外层空间。当耀斑在其他恒星上发生时，被称为恒星耀斑。

天文单位（AU） 天文学中距离测量的标准单位之一。相当于地球与太阳之间的平均距离（1.496亿千米）。它的使用非常广泛，尤其是在科普文章中。它用于表示太阳系内和其他恒星的行星系内的距离。

W

外太阳系 巨行星（木星、土星、天王星和海王星）以及其附近的小行星、矮行星所在的区域。这个区域也是许多短周期（绕日运行周期小于200年）彗星（如著名的哈雷彗星）的源头。

X

星际介质 组成星系的恒星之间的空间。可能被气体、灰尘和宇宙线占据，产生新恒星的分子云也处于这个区域。旅行者1号是第一个到达星际介质的航天器。

星团 一群恒星由于自身引力作用束缚在一起，叫作“星团”。可

图片来源

封面：
NASA's Goddard Space Flight Center; Contraportada: (a) NASA's Goddard Space Flight Center; (bi) Juan William Borrego Bustamante; (bd) Matthias Rempel, NCAR;

内文：
4-5: NASA's Goddard Space Flight Center; 6-7: Juan William Borrego Bustamante; 8-9: Juan William Borrego Bustamante; 10-11: Mark Stevenson / Stocktrek Images; 12-13: NASA / SDO;

14-15: NASA / Terry Virts; 16-17: NASA; 18-19: Infographics & Felipe García Mora; 20-21: NASA; 22 下：Felipe García Mora; 22-23: NASA; 23 左上：NASA's Scientific Visualization Studio / SDO Science Team / Virtual Solar Observatory; 23 中上：NASA / Howard Brown-Greaves; 23 右上：Luc Viatour; 24 左上：NASA; 24 右上：A. G. Kosovichev (Stanford University) et al., MDI, SOHO, ESA, NASA; 24 下：NASA / M. J. Thompson; 24-25: ESO; 26-27: N. A. Sharp, NOAO /NSO / Kitt Peak FTS / AURA / NSF; 28-29: Felipe García Mora; 30-31: Mark A. Garlick; 31: Infographics;

32-33: NASA / CXC / SAO / STScl; 34-35 上：Felipe García Mora; 34-35 下：Juan William Borrego Bustamante; 35 下：Felipe García Mora; 36-37: NASA, ESA / Hubble, Hubble Heritage Team; 38-39: ESO / L. Calçada, Nick Risinger; 40-41: Lynette Cook; 41: ESO / L. Calçada; 42: infographics; 42-43: NASA / JPL-Caltech; 44-45: Mark A. Garlick; 46-47: NASA, ESA, Hubble SM4 ERO Team;

48-49: NASA / SDO / AIA; 50 左下：infographics; 50 右下：Tim Sandstrom, NASA / Ames, Irina Kitiashvili, Stanford University; 50-51: J. Sánchez Almeida (IAC) et al.; 52 上：Felipe García Mora; 52 左下：NASA / SDO / AIA / LMSAL; 52 右下：NASA's Goddard Space Flight Center / Duberstein; 52-53: NASA's Goddard Space Flight Center / SDO AIA Team; 54 上：infographics; 54-55: SOHO, EIT Consortium, ESA, NASA; 56: SOHO, EIT Consortium, MDI Team; 56-57: NASA / SDO / AIA / HMI/ Goddard Space Flight Center; 57: infographics; 58 上：BBSO / NJIT; 58 下：NASA / SDO; 58-59: Dan Kiselman & Mats Löfdahl (Royal Swedish Academy of Sciences); 59: NASA's Goddard Space Flight Center; 60 上：NASA / GSFC / SDO; 60 下：NASA / GSFC / SDO; 60-61: NASA's Goddard Space Flight Center / SDO / S. Wiessinger; 61: NASA / SDO; 62-63: NASA's Goddard Space Flight Center; 64-65: Peter Aniol, Miloslav Druckmüller & Shadia Habbal; 65: NASA; 66-67: NASA / IBEX / Adler Planetarium;

68-69: ESO / S. Brunier; 70-71: ESA; 71: NASA; 74a: Pxhere; 72 下：U.S. Air Force / Shawn Nickel; 72-73: NASA / ISS Expedition 23 crew; 73 上：NASA, ESA, J. Nichols (University of Leicester); 73 中：NASA /ESA / STScl / A. Schaller; 73 下：infographics; 74-75: NASA; 75: Joan Pejoan; 76-77: NASA;

78-79: NASA / SDO / GSFC Visualization Studio; 80-81: TheBrockenInaGlory; 82-83: NASA / JPL-Caltech / SSI; 84: Matthias Rempel, NCAR; 84-85: Swedish Solar Telescope (SST), ORM; 85 左上：NSO / AURA / NSF; 85 右上：NRAO / AUI / Stephen White, University of Maryland; 85 中：NASA / JPL-Caltech / GSFC; 85 左下：NASA's Scientific Visualization Studio; 85 右下：NASA / STEREO.; 86-87: Infographics.

将其分成两大类型:球状星团,由古老恒星组成的巨大恒星群(恒星数量从一万到数百万颗不等),其恒星年龄大约有 110 亿年的历史;疏散星团,它只包含几十颗年轻恒星。与球状星团不同的是,最终,疏散星团仅凝聚数百万年就会散开,其中所有的恒星在诞生之初就已成团。

星子 位于原行星盘中的固态天体。星子是最微小的成分,通过吸积过程形成行星和其他天体。据估计,在太阳系中,大多数未积聚在行星上的星子大约在 38 亿年前被射到了更遥远的轨道上,如奥尔特云。

行星 绕着恒星或恒星残骸运动的天体。须满足以下三个重要条件:必须通过自身的重力使自身成为球形;其体积一定不能大到能引发热核聚变过程;必须是其轨道区域内的主要天体。

行星状星云 由走到生命尽头的太阳型恒星将其外壳抛射到太空中后形成的星云。在这之后,恒星残留的核心照亮行星状星云,并使它看上去像一片发射星云。

X 射线 一种高能辐射,但略低于伽马射线。它是由温度超过 100 万摄氏度的天体发出的。因为地球大气层会吸收 X 光,所以,它们的研究只能在太空中进行。

Y

宜居带 一组到恒星或到银河系中心的距离,在该距离内具备生命出现的适当条件。在这个区域,适宜的温度可以保障行星表面液态水的存在,且岩石行星最有可能形成。

银河系 太阳系所在的星系。它是一个棒旋星系(旋涡星系的一种),半径在 100 000 ~ 130 000 光年,包含 1 000 亿 ~ 4 000 亿颗恒星。太阳绕银河系核心旋转 1 周等于 1 “银河年”,约 2.4 亿年。太阳距银河系中心约 25 000 光年。

原恒星 仍在从分子云中吸收质量的年轻恒星。这是恒星演化过程的第一阶段,其持续时间决定了成熟之后的大小,太阳的原恒星阶段持续了 100 多万年。它始于分子云中物质的坍缩,核聚变开始就代表原恒星阶段的终结。

原太阳 对应原恒星的定义,具体到太阳就称为原太阳。

原行星盘 环绕在新生恒星周围的致密的气体尘埃盘。随着时间推移,原行星盘将逐渐孕育出行星系统中的天体,其中的物质也可能被注入恒星中。

Z

质量 物质所具有的一种物理属性,可用来表示物体受力时对加速度的阻力,也指它作用于其他天体的引力。质量和重量是两个不同的概念,质量与引力共同决定重量的大小。由于引力差异,质量相同的物体在地球上的重量比在月球上更大。

质子 – 质子链反应 恒星将氢转化为氦的聚变机制之一。这种反应主要发生在接近太阳大小或更小的恒星中。在聚变过程中,四个氢核结合形成氦核。

中微子 基本粒子类型,仅参与非常微弱的弱相互作用和引力相互作用。由于它可以在穿过物质的时候几乎不产生任何相互作用,所以很难被检测到。中微子是恒星内核在核聚变过程中形成的。来自太阳的 650 亿个中微子每秒钟可以穿过地球每平方厘米的空间。

重力势能 具有质量的物体相对于质量更大的物体所具有的势能,这种能量取决于其质量、距离和重力常数。在加速度恒定的情况下,可以通过公式 $E=mgh$ 来确定。其中 E 表示重力势能(焦耳),m 是以加速度计的物体质量(kg),g 是物体的重力加速度(m/s^2),h 是物体之间的距离(m)。我们可以通过一个形象的例子来进一步理解,例如相比于放置在地面上的篮球,悬挂在空中的篮球具有更大的重力势能。